中等职业学校计算机系列教材

zhongdeng zhiye xuexiao jisuanji xilie jiaocai

网页设计与制作

（第2版）

王君学 古淑强 主编

邹利侠 罗洪远 副主编

人民邮电出版社

北京

图书在版编目（CIP）数据

网页设计与制作 / 王君学，古淑强主编. -- 2版
. -- 北京：人民邮电出版社，2013.4（2022.12重印）
中等职业学校计算机系列教材
ISBN 978-7-115-30154-3

Ⅰ. ①网… Ⅱ. ①王… ②古… Ⅲ. ①网页制作工具
—中等专业学校—教材 Ⅳ. ①TP393.092

中国版本图书馆CIP数据核字(2012)第309175号

内 容 提 要

本书按照项目教学法组织教学内容。全书由 14 个项目构成，主要内容包括在网页中插入文本、图像、媒体、超级链接、表单等网页元素及其属性设置，使用 Photoshop CS3 处理图像，使用 Flash 8 制作动画，运用表格、框架、Div+CSS 等工具对网页进行布局，使用模板和库制作网页，使用行为完善网页功能，使用层和时间轴制作动画，在可视化环境下创建应用程序以及创建、管理和维护网站的基本知识。

本书可作为中等职业学校"网页设计与制作"课程的教材，也可以作为网页设计爱好者的参考用书。

◆ 主　　编　王君学　古淑强
　　副 主 编　邹利侠　罗洪远
　　责任编辑　王　平
◆ 人民邮电出版社出版发行　　北京市丰台区成寿寺路 11 号
　　邮编　100164　　电子邮件　315@ptpress.com.cn
　　网址　http://www.ptpress.com.cn
　　北京天宇星印刷厂印刷
◆ 开本：787×1092　1/16
　　印张：14.25　　　　　　　　　2013 年 4 月第 2 版
　　字数：360 千字　　　　　　　2022 年 12 月北京第 13 次印刷
　　　　　　　ISBN 978-7-115-30154-3
定价：29.00 元
读者服务热线：(010)81055256　印装质量热线：(010)81055316
反盗版热线：(010)81055315
广告经营许可证：京东市监广登字 20170147 号

中等职业教育是我国职业教育的重要组成部分，中等职业教育的培养目标定位于具有综合职业能力，在生产、服务、技术和管理第一线工作的高素质的劳动者。

随着我国职业教育的发展，教育教学改革的不断深入，由国家教育部组织的中等职业教育新一轮教育教学改革已经开始。根据教育部颁布的《教育部关于进一步深化中等职业教育教学改革的若干意见》的文件精神，坚持以就业为导向、以学生为本的原则，针对中等职业学校计算机教学思路与方法的不断改革和创新，人民邮电出版社精心策划了《中等职业学校计算机系列教材》。

本套教材注重中职学校的授课情况及学生的认知特点，在内容上加大了与实际应用相结合案例的编写比例，突出基础知识、基本技能。为了满足不同学校的教学要求，本套教材中的4个系列，分别采用3种教学形式编写。

- 《中等职业学校计算机系列教材——项目教学》：采用项目任务的教学形式，目的是提高学生的学习兴趣，使学生在积极主动地解决问题的过程中掌握就业岗位技能。
- 《中等职业学校计算机系列教材——精品系列》：采用典型案例的教学形式，力求在理论知识"够用为度"的基础上，使学生学到实用的基础知识和技能。
- 《中等职业学校计算机系列教材——机房上课版》：采用机房上课的教学形式，内容体现在机房上课的教学组织特点，学生在边学边练中掌握实际技能。
- 《中等职业学校计算机系列教材——网络专业》：网络专业主干课程的教材，采用项目教学的方式，注重学生动手能力的培养。

为了方便教学，我们免费为选用本套教材的老师提供教学辅助资源，教师可以登录人民邮电出版社教学服务与资源网（http://www.ptpedu.com.cn）下载相关资源，内容包括如下。

- 教材的电子课件。
- 教材中所有案例素材及案例效果图。
- 教材的习题答案。
- 教材中案例的源代码。

在教材使用中有什么意见或建议，均可直接与我们联系，电子邮件地址是wangping@ptpress.com.cn。

中等职业学校计算机系列教材编委会

2012 年 11 月

随着计算机技术的发展和普及，职业学校的网页设计与制作教学存在的主要问题是传统的理论教学内容过多，能够让学生亲自动手的实践内容偏少。本书基于 Dreamweaver 8 中文版，同时兼顾 Photoshop CS3 中文版和 Flash 8 中文版，按照项目教学法组织教学内容，加大了实践力度，让学生在实际操作中循序渐进地了解和掌握网页制作的流程和方法。

本书根据教育部 2010 年颁布的《中等职业学校专业目录》中职业技能和职业岗位的要求，以《全国计算机信息高新技术考试技能培训和鉴定标准》中的"职业资格技能等级三级"（高级网络操作员）的知识点为依据，针对中等职业学校的教学需要而编写。通过本书的学习，学生可以掌握网页设计与制作以及图像处理、Flash 动画制作的基本方法和应用技巧，并能顺利通过相关的职业技能考核。

本书采用项目教学法，由浅入深、循序渐进地介绍网页制作的流程、方法和基本知识。本书还专门安排了项目实训和课后习题，以帮助学生及时巩固所学内容。

本课程教学时数为 72 课时，各项目的教学课时可参考下面的课时分配表。

项　目	课　程　内　容	课　时　分　配	
		讲授	实践训练
项目一	认识 Dreamweaver 8	1	1
项目二	创建和管理站点	2	2
项目三	文本——编排文化知识网页	2	4
项目四	图像和媒体——编排自然风景网页	2	4
项目五	超级链接——设置站点导航网页	2	4
项目六	表格——布局一翔网店主页	2	4
项目七	Div+CSS——布局宝贝画展网页	4	4
项目八	层和时间轴——制作海底探秘网页	2	2
项目九	框架——制作林木论坛网页	2	2
项目十	库和模板——制作职业学校主页	2	2
项目十一	行为——完善个人网页功能	2	2
项目十二	表单——制作通行证注册网页	2	2
项目十三	应用程序——制作重点学科信息管理系统	6	4
项目十四	测试和发布网站	2	2
课　时　总　计		33	39

本书由王君学、古淑强主编，邹利侠、罗洪远任副主编。参加编写工作的还有沈精虎、黄业清、宋一兵、谭雪松、向先波、冯辉、计晓明、滕玲、董彩霞、管振起。

由于编者水平有限，书中难免存在疏漏之处，敬请广大读者批评指正。

编　者

2012 年 12 月

项目一

认识 Dreamweaver 8

本项目主要是让读者对网页制作软件 Dreamweaver 8 有一个总体认识。首先了解一些与网络和网页有关的基本概念和知识，然后了解常用网页制作工具以及 Dreamweaver 的发展历程、基本功能和作用，最后通过制作一个简单的网页来认识 Dreamweaver 8 的工作界面。Dreamweaver 8 的工作界面如图 1-1 所示。

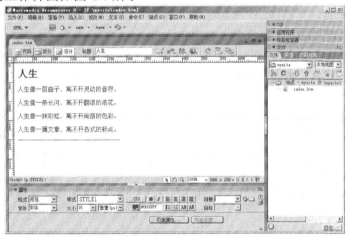

图 1-1   Dreamweaver 8

知道常用概念和 HTML 代码的基本含义。

知道 Dreamweaver 8 工作界面的构成。

学会 Dreamweaver 8 常用工具栏的使用方法。

学会 Dreamweaver 8 常用面板的使用方法。

学会创建 Dreamweaver 8 静态站点的方法。

任务一　Dreamweaver 基础

下面介绍一些与网络和网页有关的基本知识，以便为学习 Dreamweaver 奠定基础。

（一）　基本概念

首先介绍关于互联网的一些基本概念。

1. Internet

Internet，中文名为因特网，又称国际互联网，是由世界各地的计算机通过特殊介质连接而成的全球网络，在网络中的计算机通过协议可以相互通信。Internet 起源于美国的五角大楼，它的前身是美国国防部高级研究计划局（ARPA）主持研制的 ARPAnet。目前 Internet 提供的主要服务有 WWW（万维网）、FTP（文件传输）、E-mail（电子邮件）等。

2. WWW

WWW 是 World Wide Web 的缩写，也可以简称为 Web、3W，中文名为万维网，是以 Internet 为基础的计算机网络，它允许用户在一台计算机通过 Internet 存取另一台计算机上的信息。从技术角度上说，万维网是 Internet 上那些支持 WWW 协议和超文本传输协议（HTTP）的客户机与服务器的集合，透过它可以存取世界各地的超媒体文件。WWW 的内核部分是由 3 个标准构成的：HTTP、URL 和 HTML。

3. HTTP

HTTP 是 HyperText Transfer Protocol 的缩写，中文名为超文本传输协议，它负责规定浏览器和服务器之间如何互相交流，这就是浏览器中的网页地址很多是以"http://"开头的原因，有时也会看到以"https"开头的。HTTPS（Secure Hypertext Transfer Protocol，安全超文本传输协议）是一个安全通信通道，基于 HTTP 开发，用于在客户计算机和服务器之间交换信息，可以说它是 HTTP 的安全版。

4. URL

URL 是 Uniform Resource Locator 的缩写，中文名为统一资源定位器，是一个世界通用的负责给万维网中诸如网页这样的资源定位的系统。Internet 上的每一个网页都具有一个唯一的 URL 地址，这种地址可以是本地磁盘，也可以是局域网上的某一台计算机，更多的是 Internet 上的站点。简单地说，URL 就是 Web 地址，俗称网址。当使用浏览器访问网站的时候，都要在浏览器的地址栏中输入网站的网址，如"http://www.163.com/"。

5. HTML

HTML 是 HyperText Markup Language 的缩写，中文名为超文本标记语言，是一种用来制作网络中超级文本文档的简单置标语言。严格来说，HTML 并不是一种编程语言，只是一些能让浏览器看懂的标记。当用户浏览 WWW 上包含 HTML 标签的网页时，浏览器会"翻译"由这些 HTML 标签提供的网页结构、外观和内容的信息，并按照一定的格式在屏幕上显示出来。

6. XHTML

XHTML 是 eXtensible HyperText Markup Language 的缩写，中文名为可扩展超文本置标语言，表现方式与 HTML 类似。从继承关系上看，HTML 是一种基于标准通用置标语言 SGML 的应用，是一种非常灵活的置标语言，而 XHTML 则基于可扩展置标语言 XML，XML 是 SGML 的一个子集。XHTML 1.0 在 2000 年 1 月 26 日成为 W3C 的推荐标准。XHTML 在语法上要求更加严格，最明显的就是所有的标记都必须要有一个相应的结束标记，如果是单独不成对的标签，在标签最后加一个"/"来关闭它。例如，HTML 中的换行符
，在 XHTML 中应该写在
。

7. CSS

CSS 是 Cascading Style Sheet 的缩写，中文名为层叠样式表或级联样式表，是一组格式设置规则，用于控制 Web 页面的外观。通过使用 CSS 样式设置页面的格式，可将页面的内容与表现形式分离。页面内容存放在 HTML 文档中，而用于定义表现形式的 CSS 规则存放在另一个独立的样式表文件中或 HTML 文档的某一部分，通常为文件头部分。将内容与表现形式分离，不仅可使维护站点的外观更加容易，而且还可以使 HTML 文档代码更加简练，缩短浏览器的加载时间。

8. FTP

FTP 是 File Transfer Protocol 的缩写，是 Internet 上文件传输的基础，通常所说的 FTP 是基于该协议的一种服务。FTP 文件传输服务允许 Internet 上的用户在客户端计算机与 FTP 服务器之间进行文件传输。在传输文件时，通常可以使用 FTP 客户端软件，也可以使用浏览器，不过还是使用 FTP 客户端软件比较方便。

9. E-mail

E-mail 是 Internet 上使用最广泛的一种电子邮件服务。邮件服务器使用的协议有简单邮件转输协议（SMTP）、电子邮件扩充协议（MIME）和邮局协议（POP）。POP 服务需由一个邮件服务器来提供，用户必须在该邮件服务器上取得账号才可能使用这种服务。目前使用得较普遍的 POP 为第 3 版，故又称为 POP3 协议。收发电子邮件必须有相应的客户端软件支持，常用的收发电子邮件的软件有 Foxmail、Exchange、Outlook Express 等。不过现在许多电子邮件可以通过 Internet Explore 等浏览器直接在线收发，比使用客户端软件更方便。

10. TCP/IP

TCP/IP 是 Transmission Control Protocol/Internet Protocol 的缩写，中文名为传输控制协议/因特网互联协议，又叫网络通信协议，这个协议是 Internet 最基本的协议，也是 Internet 的基础。简单地说，网络通信协议就是由网络层的 IP 和传输层的 TCP 组成的。IP 是 TCP/IP 的心脏，也是网络层中最重要的协议。

11. 域名

域名（Domain Name）是企业、政府、非政府组织等机构或者个人在域名注册商处注册的用于标识 Internet 上某一台计算机或计算机组的名称，名字由点分隔组成，是互联网上企业或机构间相互联络的网络地址。目前，域名已经成为互联网的品牌、网上商标保护必备的产品之一。域名可以分为不同的级别，包括顶级域名、二级域名等。顶级域名又分为两类：国际顶级域名（如".com"表示商业组织、".net"表示网络服务商、".org"表示非营利组织等）和国家顶级域名（如".cn"代表中国、".uk"代表英国、".jp"代表日本等）。二级域名是指在顶级域名之下的域名，在国际顶级域名下的二级域名通常是指域名注册人的网上名称（如"sohu.com"），在国家顶级域名下的二级域名通常是指注册企业的类别符号（如".com.cn"、".edu.cn"、".gov.cn"等）。域名的形式通常是由若干个英文字母或数字组成，然后由"."分隔成几部分，如"163.com"。近年来，一些国家也纷纷开发使用采用本民族语言构成的域名，我国也开始使用中文域名。

12. W3C

W3C 是 World Wide Web Consortium 的缩写，中文名为万维网联盟，又称 W3C 理事会。1994 年 10 月在拥有"世界理工大学之最"称号的美国麻省理工学院计算机科学实验室成立。建立者是万维网的发明者蒂姆·伯纳斯·李（Tim Berners-Lee）。W3C 组织是对网络标准制定的一个非营利组织，像 HTML、XHTML、CSS、XML 的标准就是由 W3C 来制定。W3C 会员包括生产技术产品及服务的厂商、内容供应商、团体用户、研究实验室、标准制定机构和政府部门，一起协同工作，致力在万维网发展方向上达成共识。

13. 3G 和 3G 网络

3G 是 the 3rd Generation 的缩写，指第三代移动通信技术，即支持高速数据传输的蜂窝移动通信技术。3G 服务能够同时传送声音（通话）和数据信息（电子邮件、即时通信等）。相对第一代模拟制式手机（1G）和第二代 GSM、CDMA 等数字手机（2G），第三代手机（3G）通常是指将无线通信与国际互联网等多媒体通信结合的新一代移动通信系统。3G 网络，是指使用第三代移动通信技术的线路和设备铺设而成的通信网络。3G 网络将无线通信与国际互联网等多媒体通信手段相结合，是新一代移动通信系统。

14. 三网融合

三网融合又称三网合一，是指电信网、广播电视网、互联网在向宽带通信网、数字电视网、下一代互联网演进过程中，三大网络通过技术改造，其技术功能趋于一致，业务范围趋于相同，网络互联互通、资源共享，能为用户提供语音、数据、广播电视等多种服务。三网合一并不意味着三大网络的物理合一，而主要是指高层业务应用的融合。三网融合应用广泛，遍及智能交通、环境保护、政府工作、公共安全、平安家居等多个领域。以后的手机可以看电视、上网，电视可以打电话、上网，计算机也可以打电话、看电视。三者之间相互交叉，形成你中有我、我中有你的格局。

（二）　HTML 基础

用 HTML 编写的文档其扩展名是".htm"或".html"，它们是可供浏览器浏览的文档格式。可以使用记事本、写字板、Dreamweaver 等编辑工具来编写 HTML 文档。下面介绍 HTML 文档的基本结构，具体如下所示：

```
<html>
<head>
<title>2012 伦敦奥运会口号</title>
</head>
<body>
Inspire a generation，翻译中文为：激励一代人。
</body>
</html>
```

其中包含了 3 对最基本的 HTML 标签。

- <html>…</html>

<html>标记符号出现在每个 HTML 文档的开头，</html>标记符号出现在每个 HTML 文档的结尾。通过对这一对标记符号的读取，浏览器可以判断目前正在打开的是网页文件而不是其他类型的文件。

- <head>…</head>

<head>…</head>构成 HTML 文档的开头部分，在<head>和</head>之间可以使用<title>…</title>、<script>…</script>等标记，这些标记都是用于描述 HTML 文档相关信息的，不会在浏览器中显示出来。其中<title>…</title>标记是最常用的，在<title>和</title>标记之间的文本将显示在浏览器的标题栏中。

- <body>…</body>

<body>…</body>是 HTML 文档的主体部分，在此标记之间可包含<p>…</p>、<h$_n$>…</h$_n$>（其中下标 n 的取值范围为 1~6）、
、<hr>、<img>、<table>…</table>等 HTML 标记，它们所定义的文本、水平线、图像、表格等将会在浏览器中显示出来。

在网页中显示的文本可以使用 HTML 控制字体、字号和颜色，还可以增强文本的修饰效果。在 HTML 中，字体、字号和颜色使用下列格式进行标识。

```
<font face="黑体" size="4" color="#FF0000">文本内容</font>
```

<font>标记有 3 个基本属性。

- face 属性：用来设置选定文本的字体格式。
- size 属性：用来设置选定文本的大小。
- color 属性：用来设置选定文本的颜色。

为了尽可能地按照预先设定的字体进行显示，在使用<font>标记的 face 属性时，可以指定一个字体列表；如果浏览器不支持第 1 种字体，系统就会依次使用第 2 种、第 3 种等后续字体显示网页内容。其格式为：

```
<font face="黑体,宋体,仿宋体,隶书">文本内容</font>
```

除了正常的字体之外，还可将文本的字形设置为"粗体"、"斜体"等。

- <b>内容</b>：表示粗体。
- <i>内容</i>：表示斜体。
- <b><i>内容</i></b>：表示加粗、倾斜。

为了增强文本的修饰效果，可设置文本的下画线、增大、缩小与上、下标记等。

- <u>内容</u>：表示增加下画线。
- <big>内容</big>：表示增大。
- <small>内容</small>：表示缩小。
- ^{内容}：表示上标。
- _{内容}：表示下标。

这些标记混合使用，将产生文本的复合修饰效果。

每篇文档都要有自己的标题，每篇文档的正文都要划分段落。为了突出正文标题的地位和它们之间的层次关系，HTML 设置了 6 级标题。用户可使用以下格式定义文档标题。

```
<H$_n$>标题文字</H$_n$>
```

其中，n 为 1~6。n 越小，字号越大；n 越大，字号越小。

除了标题之外，还可以使用以下样式。

- <em>…</em>：用于强调。
- <strong>…</strong>：用于加强语气。
- <samp>…</samp>：用于引用文字。
- <kbd>…</kbd>：表示使用者输入的文字。
- <var>…</var>：用于显示变量。
- <dfn>…</dfn>：用来显示定义性文字。
- <cite>…</cite>：用于引经据典的文字。

HTML 使用<p>…</p>给网页正文分段，它将使标记后面的内容在浏览器窗口中另起一段。用户可以通过该标记中的 align 属性对段落的对齐方式进行控制。align 属性的值通常有 left、right、center 3 种，可分别使段落内的文本居左、居右、居中对齐。用户可使用以下格式定义文档段落：

```
<P align="center">段落内容</P>
```

使用标记<p>…</p>与使用标记
是不同的，
标记只能起到换行的作用，换行仍然是发生在段落内的行为。

任务二 认识网页制作工具

本任务主要介绍常用的网页制作工具以及可视化网页制作工具 Dreamweaver 的发展历程、基本功能和作用。

（一） 了解网页制作工具

按工作方式不同，通常可以将网页制作软件分为两类，一类是所见即所得式的网页编辑软件，如 Dreamweaver、FrontPage、Visual Studio 等，另一类是直接编写 HTML 源代码的软件，如 Hotdog、Editplus、HomeSite 等，也可以直接使用所熟悉的文字编辑器来编写源代码，如记事本、写字板等，但要保存成网页格式的文件。这两类软件在功能上各有千秋，也都有各自所适应的范围。由于网页元素的多样化，要想制作出精致美观、丰富生动的网页，单纯依靠一种软件是不行的，往往需要多种软件的互相配合，如网页制作软件 Dreamweaver，图像处理软件 Photoshop 或 Fireworks，动画创作软件 Flash 等。作为一般网页制作人员，掌握这 3 种类型的软件，就可以制作出精美的网页。

（二） 了解 Dreamweaver

Dreamweaver 是美国 Macromedia 公司（1984 年成立于美国芝加哥）于 1997 年发布的集网页制作和网站管理于一身的所见即所得式的网页编辑器。2002 年 5 月，Macromedia 公司发布的 Dreamweaver MX，功能更加强大，而且不需要编写代码，就可以在可视化环境下创建应用程序。从此，Dreamweaver 一跃成为专业级别的开发工具。2003 年 9 月，Macromedia 公司发布 Dreamweaver MX 2004，提供了对 CSS 的支持，促进了网页专业人员对 CSS 的普遍采用。2005 年 8 月，Macromedia 公司发布 Dreamweaver 8，在以前版本的基础上扩充了主要功能，加强了对 XML 和 CSS 的技术支持，并简化了工作流程。2005 年底，Macromedia 公司被 Adobe 公司并购，自此，Dreamweaver 就归 Adobe 公司所有。2007 年 7 月，Adobe 公司发布 Dreamweaver CS3，2008 年 9 月发布 Dreamweaver CS4，2010 年 4 月发布 Dreamweaver CS5，2011 年 4 月发布 Dreamweaver CS5.5。

Dreamweaver 是著名的网站开发工具，它使用所见即所得的接口，亦有 HTML 编辑的功能，可以让设计师轻而易举地制作出跨越平台和浏览器限制的充满动感的网页。Dreamweaver 与 Flash、Fireworks 一度被称为网页三剑客，但在 Macromedia 公司被 Adobe 公司并购后，Dreamweaver 与 Flash、Photoshop 有时也被称为新网页三剑客。

对于初学者来说，Deamweaver 公司的可视化效果让用户比较容易入门，具体表现在两个方面：一是静态页面的编排，这和 Microsoft Office 等办公可视化软件是类似的；二是交互式网页的制作，这是它与其他网页制作软件不同的重要特征。利用 Deamweaver 可以比较容易地制作交互式网页，很容易链接到 Access、SQL Server 等数据库。

Dreamweaver 集建立站点、布局网页、开发应用程序、编辑代码和发布网站等功能于一体，可以轻松地完成网站开发的所有工作，因此，得到了广大网页制作者的青睐。

任务三 制作"人生"网页

本任务将通过制作一个网页的实例，让读者认识 Dreamweaver 8 的工作界面和工作过程。

（一） 定义站点

在 Dreamweaver 中，网页通常是在站点中制作的，因此首先需要定义一个站点。

【操作步骤】

1. 运行 Dreamweaver 8 中文版，弹出起始页，如图 1-2 所示。

> 起始页有 3 项列表：【打开最近项目】、【创建新项目】和【从范例创建】，它们与菜单栏中的【文件】／【打开最近的文件】及【文件】／【新建】两个命令的作用是相同的。

2. 在起始页中选择【创建新项目】／【Dreamweaver 站点】选项，打开【站点定义】对话框，在【您打算为您的站点起什么名字？】文本框中输入站点名称，如图 1-3 所示。

图 1-2 起始页

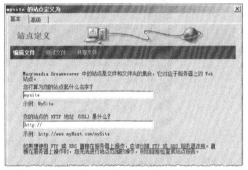

图 1-3 输入站点名字

3. 单击 下一步(N) > 按钮，在打开的对话框中点选【否，我不想使用服务器技术】单选按钮，如图 1-4 所示。

4. 单击 下一步(N) > 按钮，在打开的对话框中点选第 1 个单选按钮，文件存储位置根据实际情况确定，如图 1-5 所示。

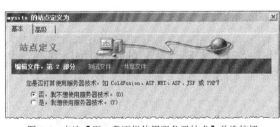

图 1-4 点选【否，我不想使用服务器技术】单选按钮

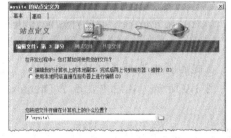

图 1-5 设置文件的使用方式和存储位置

5. 单击 下一步(N) > 按钮，在对话框的【您如何连接到远程服务器？】下拉列表中选择"无"选项，如图 1-6 所示。

6. 单击 下一步(N) > 按钮，显示站点定义信息，如图 1-7 所示。

图 1-6　确定如何连接到服务器

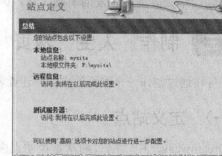

图 1-7　显示站点定义信息

7. 最后单击 ＿完成(D)＿ 按钮，完成站点定义设置，如图 1-8 所示。

图 1-8　站点定义完成

上面简要介绍了定义一个静态站点的基本过程，下面介绍创建和保存文件的方法。

（二）　创建和保存文件

站点定义完成后，下面开始创建和保存文件。

【操作步骤】

1. 在起始页中选择【创建新项目】／【HTML】选项，创建一个空白的 HTML 文档，如图 1-9 所示，在图中显示了 Dreamweaver 8 窗口的组成。

也可以通过选择菜单栏中的【文件】／【新建】命令或通过【文件】面板来创建文件。

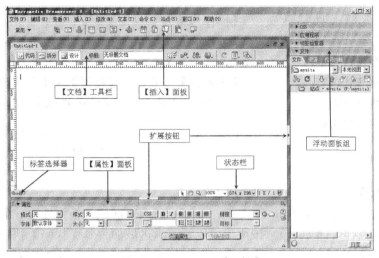

图 1-9 Dreamweaver 8 窗口组成

【知识链接】

在 Dreamweaver 8 窗口右侧显示的是浮动面板组。拖动面板标题栏左侧的 ▒ 图标，可以将面板浮动在窗口中的任意位置。单击某个浮动面板左侧的 ▶ 图标，将在标题栏下面显示该浮动面板的内容，此时 ▶ 图标也变为 ▼ 图标，如果再单击 ▼ 图标，该浮动面板的内容将又隐藏起来。浮动面板的显示与隐藏命令都集中在菜单栏的【窗口】菜单中。

2. 选择菜单栏中的【查看】/【工具栏】/【标准】命令，显示【标准】工具栏，如图 1-10 所示。

 【插入】工具栏和【文档】工具栏也可通过选择菜单栏【查看】/【工具栏】中的相应命令来显示或隐藏。

3. 单击【标准】工具栏中的 🖫（保存）按钮，将新建文档保存在刚刚创建的站点中，文件名为 "index.htm"，如图 1-11 所示。

说明 也可选择菜单栏中的【文件】/【保存】命令或【另存为】命令来保存文件。

图 1-10 【标准】工具栏

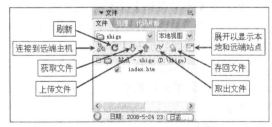

图 1-11 【文件】面板

（三） 设置文本属性

文件已经创建完毕并进行了命名保存，下面添加一些文本并进行属性设置。

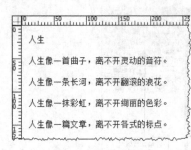

图 1-12 输入文本

1. 在文档中输入文本，每一行以按 Enter 键结束，如图 1-12 所示。

2. 在【文档】工具栏的【标题】文本框中输入"人生"，如图 1-13 所示。它将显示在浏览器的标题栏中。

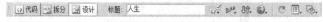

图 1-13 【文档】工具栏

【知识链接】

　　在【文档】工具栏中，单击 设计 按钮，可以将编辑区域切换到【设计】视图，在其中可以对网页进行编辑。单击 代码 按钮，可以将编辑区域切换到【代码】视图，在其中可以编写或修改网页源代码。单击 拆分 按钮，可以将编辑区域切换到【拆分】视图，在该视图中整个编辑区域分为上下两个部分，上方为【代码】视图，下方为【设计】视图。单击 按钮，将弹出一个下拉菜单，如图 1-14 所示。从中可以选择要预览网页的浏览器，还可以选择【编辑浏览器列表】命令添加其他浏览器。

3. 用鼠标选中文档标题"人生"，在【属性】面板的【格式】下拉列表中选择【标题 1】选项，如图 1-15 所示。

如果没有显示【属性】面板，在菜单栏中选择【窗口】/【属性】命令即可显示。

图 1-14 下拉菜单

图 1-15 设置文档标题格式

4. 选择正文所有文本，然后在【属性】面板的【字体】下拉列表中选择"宋体"。如果没有该选项，则在【字体】下拉列表中选择"编辑字体列表"，在打开的【编辑字体列表】对话框的【可用字体】下拉列表中选择"宋体"。单击 《《 按钮进行字体添加，如图 1-16 所示，单击 确定 按钮，完成字体的添加。

图 1-16 添加字体

5. 在【大小】下拉列表中选择"16 像素"，在【颜色】文本框中输入"#0000FF"，如图 1-17 所示。

图 1-17 设置正文文本格式

通过【属性】面板可以设置和修改所选对象的属性。选择的对象不同，【属性】面板的项目也不一样。单击【属性】面板右下角的△按钮或▽按钮可以隐藏或重新显示高级设置项目。

6. 将鼠标指针置于最后一行文本所在行的后面，然后在【插入】／【HTML】面板中单击 （水平线）按钮，插入一条水平线，如图 1-18 所示。

图 1-18 【插入】／【HTML】面板

【知识链接】

在 Dreamweaver 8 中，【插入】面板通常有两种表现形式：制表符格式和菜单格式，如图 1-19 和图 1-20 所示。

图 1-19 制表符格式

图 1-20 菜单格式

在制表符格式的【插入】面板的标题栏中选择相应的选项卡，工具栏中即显示相应的系列工具按钮。通过单击【插入】面板左侧 ▼插入 图标的向下箭头或 ▶插入 图标的向右箭头可进行按钮的隐藏或显示。在【插入】面板的标题栏上单击鼠标右键，在弹出的快捷菜单中选择【显示为菜单】命令，【插入】面板即由制表符格式变为菜单格式。

在菜单格式的【插入】面板中，单击 常用 ▼ 图标右侧的向下箭头，在弹出的菜单中选择相应的命令，工具栏中即显示相应的系列工具按钮。如果选择【显示为制表符】命令，【插入】面板即由菜单格式转变为制表符格式。

7. 保证水平线处于选中状态，然后在【属性】面板中设置宽度为"270 像素"，高度为"3 像素"，对齐方式为"左对齐"，有"阴影"，如图 1-21 所示。

图 1-21 设置水平线属性

8. 最后在菜单栏中选择【文件】／【保存】命令，保存文件，效果如图 1-22 所示。

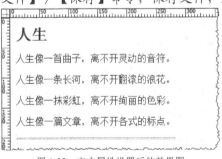

图 1-22 文本属性设置后的效果图

（四） 保存和管理工作区布局

在工作区中工具栏和面板是否显示以及显示的位置是可以调整的，那么调整好的工作区布局是不是可以保存下来呢？下面就介绍保存工作区布局的方法。

【操作步骤】

1. 在菜单栏中选择【窗口】／【工作区布局】／【保存当前】命令，打开【保存工作区布局】对话框。
2. 在【名称】文本框中输入名称，如"我的个性化布局"，如图1-23所示。
3. 单击 确定 按钮即将当前的工作区进行了保存，名字为"我的个性化布局"，这时在【窗口】／【工作区布局】菜单中增加了【我的个性化布局】命令，如图1-24所示。

图1-23 【保存工作区布局】对话框 　　　　　　　图1-24 菜单中增加了【我的个性化布局】命令

 说明　　按照此方法可继续保存其他工作区布局。如果存在多个工作区布局，那么如何管理它们呢？

4. 在菜单栏中选择【窗口】／【工作区布局】／【管理】命令，打开【管理工作区布局】对话框，如图1-25所示。
5. 选择【我的个性化布局】选项，单击 重命名... 按钮，打开【重命名工作区布局】对话框，在【名称】文本框中输入新名字"小王的布局"，然后单击 确定 按钮，即进行了重新命名，如图1-26所示。

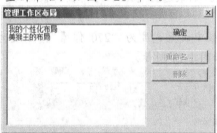

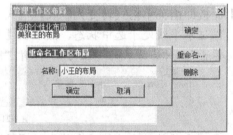

图1-25 【管理工作区布局】对话框 　　　　　　图1-26 重命名工作区布局

6. 选择【小王的布局】选项，然后单击 删除 按钮，将其删除。
7. 最后关闭【管理工作区布局】对话框。

 说明　　一旦进入自己定义的工作区布局模式，那么如何恢复到系统默认的布局模式呢？在菜单栏中选择【窗口】／【工作区布局】／【设计器】命令或【编码器】命令或【双重屏幕】命令，分别恢复到默认的设计器布局或编码器布局或双重屏幕布局。

　　通过本任务的学习，读者对Dreamweaver 8的窗口组成以及常用工具栏和面板的功能肯定有了一定的认识，这是以后学习的基础，希望读者课下多加练习。

项目实训　制作"经典摘要"网页

　　下面通过实训来增强读者对Dreamweaver 8窗口的组成、工具栏和面板的功能及基本操作的感性认识。

要求：首先定义一个静态站点，然后创建和编排网页文档"shixun.htm"，如图 1-27 所示。

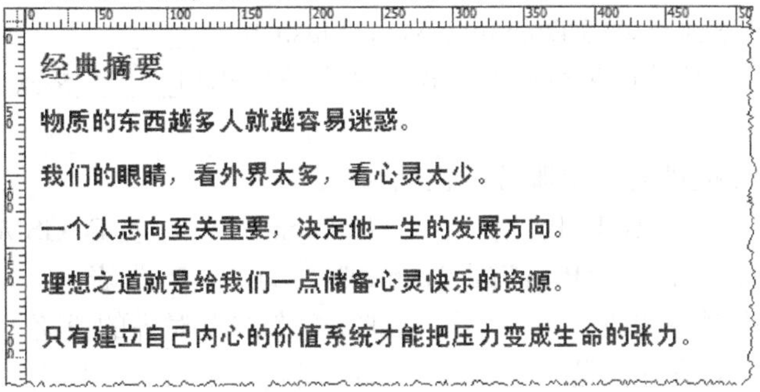

经典摘要

物质的东西越多人就越容易迷惑。

我们的眼睛，看外界太多，看心灵太少。

一个人志向至关重要，决定他一生的发展方向。

理想之道就是给我们一点储备心灵快乐的资源。

只有建立自己内心的价值系统才能把压力变成生命的张力。

图 1-27　制作的网页

【操作步骤】

1. 打开【站点定义】对话框，在【您打算为您的站点起什么名字】文本框中输入站点名字"shixun"。

2. 在【站点定义】对话框的【您是否打算使用服务器技术】选项中点选【否，我不想使用服务器技术】单选按钮。

3. 在【站点定义】对话框的【在开发过程中，您打算如何使用您的文件？】选项中选第 1 个单选按钮，文件存储位置根据实际情况确定。

4. 在【站点定义】对话框的【您如何连接到远程服务器？】选项中选择"无"选项。

5. 在站点中新建一个网页文档并保存为"shixun.htm"。

6. 在文档中输入所有文本，每行以按 Enter 键结束。

7. 在【文档】工具栏的【标题】文本框中输入"经典摘要"。

8. 在【属性】面板【格式】下拉列表中设置文档标题"经典摘要"的格式为"标题 2"。

9. 选中所有正文文本，然后在【属性】面板的【字体】下拉列表中选择"黑体"，在【大小】下拉列表中选择"18 像素"。

10. 最后保存文件。

项目小结

　　本项目在介绍了一些与网络和网页有关的基本概念和知识的基础上，介绍了常用网页制作工具以及 Dreamweaver 的发展历程、基本功能和作用。通过制作一个简单的网页介绍了 Dreamweaver 8 的窗口组成、常用工具栏、面板等内容。通过本项目的学习，读者应该熟练掌握 Dreamweaver 8 的窗口组成及其基本操作。

思考与练习

一、填空题

1. WWW 的内核部分是由 3 个标准构成的：HTTP、URL 和_____。

2. 用 HTML 编写的文档的扩展名是"_____"或".html"。

3. 2005 年 Macromedia 公司被_____公司并购。

4. 最初的网页三剑客是指 Dreamweaver、Flash 与_____。

5. 【插入】面板通常有两种表现形式：制表符格式和_____格式。

二、选择题

1. 目前 Internet 提供的主要服务不包括（　　）。

   A. WWW　　　　　B. FTP　　　　　C. E-mail　　　　D. GSM

2. 在 HTML 中，语句"<P align="center">你好！</P>"表示（　　）。

   A. 一个居中对齐的段落　　　　　　B. 一个居左对齐的段落

   C. 一个居右对齐的段落　　　　　　D. 仅起段中换行的作用

3. Dreamweaver 是美国 Macromedia 公司开发的网页编辑器，Macromedia 公司于 1984 年成立于美国（　　）。

   A. 芝加哥　　　B. 纽约　　　　C. 华盛顿　　　D. 洛杉矶

4. 新网页三剑客是指 Dreamweaver、Flash 和（　　）。

   A. PaintShop　　B. Fireworks　　C. Photoshop　　D. ACDSee

5. Dreamweaver 8 工作界面中不包括（　　）。

   A. 菜单栏　　　B. 地址栏　　　C. 标题栏　　　D. 面板组

6. 在【插入】/【常用】面板中没有插入（　　）的功能。

   A. 表格　　　　B. 超级链接　　C. 图像　　　　D. 水平线

三、问答题

1. Dreamweaver 8 的优点、功能和作用有哪些？

2. 【插入】面板有哪两种格式？如何实现它们之间的转换？

四、操作题

1. 将【属性】面板显示出来，然后再隐藏起来。

2. 将当前工作区布局保存为"个人布局模式"，然后再恢复至默认的设计器布局。

本项目主要介绍在 Dreamweaver 8 中创建和管理站点的基本方法，如图 2-1 所示。首先介绍在 Dreamweaver 8 中定义一个新站点的基本方法，然后介绍管理站点以及设置首选参数、创建文件夹和文件的基本方法等。

图 2-1　创建的站点

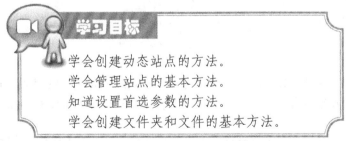

学会创建动态站点的方法。
学会管理站点的基本方法。
知道设置首选参数的方法。
学会创建文件夹和文件的基本方法。

任务一　新建站点

在 Dreamweaver 中制作网页通常是在站点中进行的，可以根据实际需要在 Dreamweaver

中定义多个站点。在定义站点时，首先需要确定是直接在服务器端编辑网页还是在本地计算机中编辑网页，然后设置与远程服务器进行数据传递的方式等。下面介绍定义一个新站点的基本方法。

【操作步骤】

1. 启动 Dreamweaver 8，在菜单栏中选择【站点】/【新建站点】命令，打开站点定义对话框，在【您打算为您的站点起什么名字】文本框中输入站点的名称，如"mysite"，如果还没有网站的 HTTP 地址，下方的文本框可不填，如图 2-2 所示。

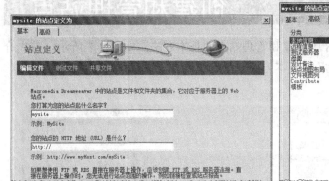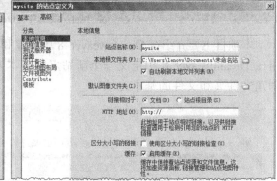

图 2-2 【站点定义】对话框

【知识链接】

【站点定义】对话框有两种方式：【基本】和【高级】。这两种方式都可以完成站点的定义工作，但其不同点如下。

- 【基本】：将会按照向导一步一步地进行，直至完成定义工作，适合初学者使用。
- 【高级】：可以在不同的步骤或者不同的分类选项中任意跳转，而且可以做更高级的修改和设置，适合在站点维护中使用。

2. 单击 下一步(N) > 按钮，在对话框中点选【是，我想使用服务器技术】单选按钮，在【哪种服务器技术？】下拉列表中选择"ASP VBScript"选项，如图 2-3 所示。

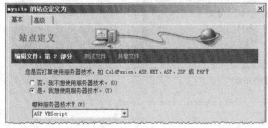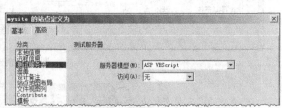

图 2-3 是否使用服务器技术

 选择第 1 项表示该站点是一个静态站点，选择第 2 项，对话框中将出现【哪种服务器技术？】下拉列表。在实际操作中，读者可根据需要选择所要使用的服务器技术。

3. 单击 下一步(N) > 按钮，在对话框中关于文件的使用方式选择【在本地进行编辑和测试（我的测试服务器是这台计算机）】单选按钮，然后设置网页文件存储的文件夹，如图 2-4 所示。

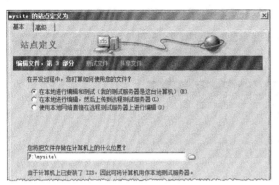 

图 2-4 选择文件使用方式及存储位置

> 设置"默认图像文件夹"的优点在于：当要插入一幅站点以外的图像到网页上时，系统会提示是否需要复制，如果需要，则系统自动将图像复制到默认的图像文件夹内，如果不设置此项，则默认图像文件夹为当前站点根目录。

【知识链接】

关于文件的使用方式共有 3 种。

- 第 1 种：将网站所有文件存放于本地计算机中，并且在本地对网站进行测试，当网站制作完成后再上传至服务器（要求本地计算机安装 IIS，适合单机开发的情况）。
- 第 2 种：将网站所有文件存放于本地计算机中，但在远程服务器中测试网站（本地计算机不要求安装 IIS，但对网络环境要求要好，如果不满足就无法测试网站，适合于可以实时连接远程服务器的情况）。
- 第 3 种：在本地计算机中不保存文件，而是直接登录到远程服务器中编辑网站并测试网站（对网络环境要求苛刻，适合于局域网或者宽带连接的广域网环境）。

4. 单击 下一步(N) > 按钮，在【您应该使用什么 URL 来浏览站点的根目录？】文本框中输入站点的 URL，如图 2-5 所示。然后单击 测试 URL(T) 按钮，如果出现测试成功提示框，说明本地的 IIS 正常。

图 2-5 定义浏览站点的根目录

> 在站点定义过程中，如果定义的是动态网站，即使用后台数据库的交互式网站，需要将本地或远程的 IIS 设置好，以方便网页制作和测试。

5. 单击 下一步(N) > 按钮，在弹出的对话框中选择【否】选项，如图 2-6 所示。

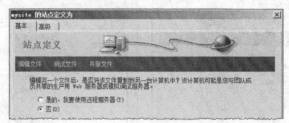

图 2-6 是否使用远程服务器

 由于在前面的设置中选择的是在本地进行编辑和测试，因此，这里暂不需要使用远程服务器。等到网页文件制作完毕并测试成功后，可以利用 FTP 再传到服务器上供用户访问。

6. 单击 下一步(N) > 按钮，弹出站点定义总结对话框，单击 完成(D) 按钮结束设置工作。

【知识链接】

在 Dreamweaver 8 的【文件】面板组中默认有 3 个面板，其中【文件】面板就是站点管理器的缩略图，通常会显示两种状态其中之一，如图 2-7 所示。图 2-7（a）是没有定义站点时的状态，显示的是本地计算机的信息。图 2-7（b）是已定义站点时的状态，显示的是当前站点的文件信息，而且站点管理器的基本功能按钮也会显示在【文件】面板的工具栏中。

在【文件】面板中，可以看到站点大概的结构，如图 2-8 所示。在这里也可以建立所需要的文件和文件夹等，单击 （展开/折叠）按钮，将展开站点管理器，再次单击 按钮，将切换到缩略图状态。如果站点管理器菜单栏中的命令或者工具栏中的按钮显示为灰色，说明这部分功能目前不可用。

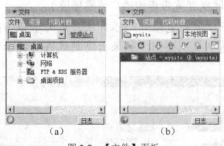 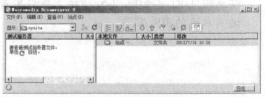

（a）　　　　　　（b）

图 2-7 【文件】面板　　　　　　图 2-8 【站点管理器】窗口

任务二　管理站点

本任务主要介绍通过【管理站点】对话框管理站点的基本方法。

（一）　复制和编辑站点

在 Dreamweaver 8 中，根据实际需要可能会创建多个站点，但并不是所有的站点都必须从头到尾重新设置一遍。如果新建站点和已经存在的站点有许多参数设置是相同的，可以通过复制站点的方法进行复制，然后再进行编辑即可。

【操作步骤】

1. 在菜单栏中选择【站点】/【管理站点】命令，打开【管理站点】对话框，如图 2-9 所示。

2. 在列表框中选中站点 "mysite"，然后单击 复制(P)... 按钮，如图 2-10 所示。

图 2-9 【管理站点】对话框

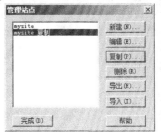

图 2-10 复制站点

3. 接着单击 编辑(E)... 按钮打开站点定义对话框，在【高级】选项卡的【本地信息】分类中，将【站点名称】选项修改为 "mysite2"，【本地根文件夹】选项修改为 "F:\mysite2\"，如图 2-11 所示。

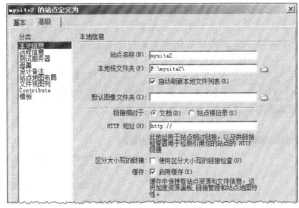

图 2-11 修改站点本地信息

4. 其他参数设置保持不变，最后单击 确定 按钮返回【管理站点】对话框。

> 在【管理站点】对话框中单击 新建(N)... 按钮，将弹出一个下拉菜单，从中选择【站点】命令也可以打开站点定义对话框。其作用和菜单栏中的【站点】/【新建站点】命令是一样的。

通过复制编辑的方法创建站点的速度要比重新开始创建站点的速度快得多，当然前提是必须存在一个类似的站点。

（二） 导出、删除和导入站点

如果重新安装 Dreamweaver 系统，原有站点的设置信息就会丢失，这时就需要重新创建站点。如果在其他计算机上编辑同一个站点，也需要重新创建站点。但这样不仅增加了许多不必要的重复操作，而且也可能设置得不一致，因此需要寻找一个合理的解决办法。下面通过导出、删除和导入站点的操作来解决上面所说的问题。

【操作步骤】

1. 在【管理站点】对话框中选中站点 "mysite2"，单击 导出(E)... 按钮，打开【导出站点】对话框，设置导出站点文件的路径和文件名称，如图 2-12 所示。

2. 单击 保存(S) 按钮将保存导出的站点文件。

3. 在【管理站点】对话框中仍然选中站点"mysite2"，然后单击 删除(R) 按钮，这时将弹出提示对话框，单击 是(Y) 按钮将删除该站点，如图 2-13 所示。

图 2-12　导出站点

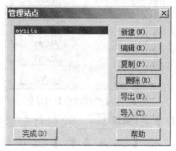

图 2-13　删除站点

> 在【管理站点】对话框中删除站点仅仅是删除了在 Dreamweaver 中定义的站点信息，存在磁盘上的相对应的文件夹及其中的文件仍然存在。

4. 在【管理站点】对话框中单击 导入(I)... 按钮，打开【导入站点】对话框，选中要导入的站点文件，单击 打开(O) 按钮即可导入站点，如图 2-14 所示。

图 2-14　导入站点

5. 最后单击 完成(D) 按钮，关闭【管理站点】对话框。

任务三　管理站点内容

创建站点后，还需要对站点的内容进行管理，包括在站点中添加、重命名、删除文件夹和文件等操作，这些均可在【文件】面板中实现。在创建文件夹和文件之前，首先设置 Dreamweaver 的【首选参数】来定义其使用规则。

（一）　设置首选参数

通过 Dreamweaver 的【首选参数】对话框可以定义 Dreamweaver 新建文档默认的扩展

名是什么，在文本处理中是否允许输入多个连续的空格，在定义文本或其他元素外观时是使用 CSS 还是 HTML 标签，不可见元素是否显示等。下面介绍设置的基本方法。

【操作步骤】

1. 在菜单栏中选择【编辑】/【首选参数】命令，打开【首选参数】对话框。选择【常规】分类，在【文档选项】中勾选【显示起始页】复选框，在【编辑选项】中勾选【允许多个连续的空格】和【使用 CSS 而不是 HTML 标签】复选框，如图 2-15 所示。

2. 切换到【不可见元素】分类，在此可以定义不可见元素是否显示，只需勾选相应的复选框即可。这里建议全部选择，如图 2-16 所示。

图 2-15 【常规】分类

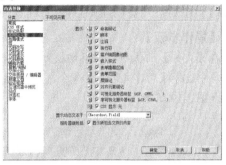
图 2-16 【不可见元素】分类

3. 切换到【复制/粘贴】分类，在此可以定义粘贴到 Dreamweaver 设计视图中的文本格式，如图 2-17 所示。

4. 切换到【新建文档】分类，在【默认文档】下拉列表中选择"HTML"选项，在【默认扩展名】文本框中输入扩展名格式，如".htm"或".html"等，在【默认文档类型】下拉列表中选择"HMTL 4.01 Transitional"选项，如图 2-18 所示。

图 2-17 【复制/粘贴】分类

图 2-18 【新建文档】分类

5. 单击 确定 按钮，完成设置。

> 在具体制作网页时，需要确认菜单栏中的【查看】/【可视化助理】/【不可见元素】命令是否已经被选择。如果已勾选，此时包括换行符在内的不可见元素会在文档中显示出来，以帮助设计者确定它们的位置。

【知识链接】

在【首选参数】对话框【新建文档】分类的【默认文档类型】下拉列表中共有 7 个选项，除了"无"选项外，其余选项可分为 HTML 和 XHTML 两种类型。HTML 是超文本标记语言（HyperText Markup Language）的缩写，简单来说就是一种网页标记语言。而

XHTML 是扩展超文本标记语言（EXtensible HyperText Markup Language）的缩写，语法要求比 HTML 更严格，用 XHTML 制作的网页能让更多的浏览器接受并准确显示出来。

在 Dreamweaver 中，由于是在可视化环境下制作网页，因此并不需要初学者关心 HTML 和 XHTML 实质性的区别，只是选择哪一种类型的文档，然后编辑器会自动生成一个 HTML 或者 XHMTL 文档。

（二）　创建文件夹和文件

新创建的站点是一个空站点，没有文件夹也没有文件。在设置了首选参数规则后，就可以在这一规则下开始创建站点内容了。下面将进行文件夹和文件的创建。

【操作步骤】

1. 在【文件】面板中将站点切换到 "mysite"，然后用鼠标右键单击根文件夹，在弹出的快捷菜单中选择【新建文件夹】命令，在 "untitled" 处输入文件夹名 "images" 并按 Enter 键确认，如图 2-19 所示。

　　"images" 文件夹一般用来存放图像文件，但不要将所有图片都放入根文件夹下的 "images" 中，否则在网页较多时修改每个分支页面都要到此文件夹里去查找图片，比较麻烦。如果将各分支页面的图片存放在各自的 "images" 文件夹里修改起来就容易得多。

2. 在【文件】面板中用鼠标右键单击根文件夹，在弹出的快捷菜单中选择【新建文件】命令，在 "untitled.asp" 处输入文件名 "index.asp"，并按 Enter 键确认，然后使用同样的方法创建其他相应的文件，如图 2-20 所示。

图 2-19　创建文件夹

图 2-20　创建文件

　　这里创建的文件扩展名为什么自动为 ".asp" 呢？这是因为在定义站点的时候，选择了使用服务器技术 "ASP VBScript"。如果选择不使用服务器技术，创建的文档扩展名通常为 ".html" 或 ".htm"。

【知识链接】

一个站点中创建哪些文件夹，通常是根据网站内容的分类进行的。网站内每个分支的所有文件都被统一存放在单独的文件夹内，根据包含的文件多少，又可以细分到子文件夹。文件夹的命名最好遵循一定的规则，以便于理解和查找。

文件夹创建好以后就可在各自的文件夹里面创建文件。当然，首先要创建首页文件。一般首页文件名为 "index.htm" 或者 "index.html"。如果页面是使用 ASP 语言编写的，那么文件名变为 "index.asp"，如果是用 ASP.NET 语言编写的，则文件名为 "index.aspx"。文件名的开头不能使用数字、运算符等符号，文件名最好也不要使用中文。文件的命名一般可采用以下 4 种方式。

- 汉语拼音：即根据每个页面的标题或主要内容，提取两三个概括字，将它们的汉语拼音作为文件名。例如，"公司简介"页面可提取"简介"这两个字的汉语拼音，文件名为"JianJie.htm"。
- 拼音缩写：即根据每个页面的标题或主要内容，提取每个汉字的第 1 个字母作为文件名。例如，"公司简介"页面的拼音是"GongSiJianJie"，那么文件名就是"gsjj.htm"。
- 英文缩写：一般适用于专有名词。例如，"Active Server Pages"这个专有名词一般用 ASP 来代替，因此文件名为"asp.htm"。
- 英文原义：这种方法比较实用、准确。例如，可以将"图书列表"页面命名为"BookList.htm"。

以上 4 种命名方式有时会与数字、符号组合使用，如"Book1.htm"、"Book_1.htm"。一个网站中最好不要使用不同的命名规则，以免造成维护上的麻烦。

（三） 在站点地图中链接文件

下面通过站点地图将上面创建的文件链接起来，读者可通过此操作进一步熟悉站点管理器的使用方法。

【操作步骤】

1. 在菜单栏中选择【站点】/【管理站点】命令，打开【管理站点】对话框，在站点列表中选择"mysite"，然后单击 编辑(E)... 按钮，在弹出的对话框中切换至【高级】选项卡，选择【站点地图布局】分类，在【主页】文本框中定义好本站点的主页，如图 2-21 所示，最后关闭对话框。

2. 在【文件】面板中单击 （展开/折叠）按钮，展开站点管理器，如图 2-22 所示。

图 2-21 【站点地图布局】分类

图 2-22 站点管理器

3. 然后单击 （站点地图）按钮，从其下拉菜单中选择"地图和文件"命令，则管理器窗口变成图 2-23 所示的状态。

4. 单击左侧站点导航中的"index.asp"图标，然后依次拖动其右上方的 图标到右侧本地文件上，这样就建立了主页文件和其他文件的链接，如图 2-24 所示。

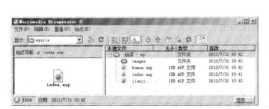

图 2-23 站点地图

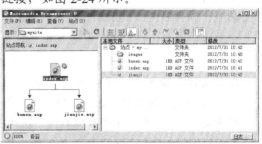

图 2-24 建立文件链接的站点地图

5. 双击主页文件"index.htm"，会看到主页文档中自动添加了带有超级链接的文本，如图 2-25 所示。

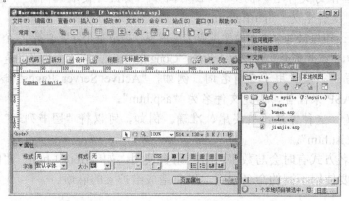

图 2-25 主页文档中添加了带有超级链接的文本

> 站点地图中的图标按照由左向右的顺序排列，这取决于图标的链接在 HTML 源代码中出现的顺序。最早出现的链接，其图标会排在站点地图的最左端。最后出现的链接，其图标排在站点地图的最右端。

【知识链接】

站点管理器的主要组成部分简要说明如下。

- 菜单栏：包含站点管理器中的所有命令和选项。
- 工具栏：包含连接到远端主机 、刷新 、站点文件 、测试服务器 、站点地图 、查看站点 FTP 日志 、获取文件 、上传文件 、取出文件 、存回文件 、同步 、展开/折叠 等按钮和【显示】下拉列表。
- 左侧窗口：显示网站的站点地图或者远程服务器中的文件列表。
- 右侧窗口：显示本地计算机中所定义的网站文件列表。

站点管理器主要用来管理文件及文件夹，在后期的网站维护中将起到非常重要的作用。

项目实训 定义和管理站点

本项目主要介绍了创建和管理站点及其内容的基本方法。本实训主要通过【文件】面板对站点进行定义和管理。

要求： 创建一个本地静态站点"shixun"，然后创建一个网页文件"index.htm"，并创建一个文件夹"pic"用于保存图像文件，创建一个文件夹"txt"用于保存文字文件。最后导出站点，保存名为"shixun"。

【操作步骤】

1. 新建一个本地静态站点，并为站点起名为"shixun"。
2. 在【文件】面板中，单击鼠标右键，在弹出的快捷菜单中选择【新建文件】命令，系统将自动创建新文件"untitled.htm"，输入新文件名"index.htm"。
3. 在【文件】面板中，单击鼠标右键，在弹出的快捷菜单中选择【新建文件夹】命令，系统将自动创建新文件夹"untitled"，输入新文件夹名"pic"，按照相同的方法创建文件夹"txt"。
4. 在【管理站点】对话框中选中站点"shixun"，单击 导出(E)... 按钮，打开【导出站点】

对话框，设置导出站点文件为"shixun"。

 # 项目小结

本项目主要介绍了创建和管理站点的基本知识，包括创建站点的方法、复制和编辑站点的方法、导入和导出站点的方法、删除站点的方法、设置首选参数的方法、创建文件夹和文件的方法、在站点地图中链接文件的方法等。希望读者通过本项目的学习，能够熟练掌握在 Dreamweaver 8 中创建和管理站点的基本方法。

 # 思考与练习

一、填空题

1. 【站点定义】对话框有两种状态：【_____】和【高级】。
2. 在菜单栏中选择【站点】/_____命令，可以打开【管理站点】对话框。
3. 在 Dreamweaver 中，可以通过设置_____来定义 Dreamweaver 的使用规则。
4. 在【_____】面板中可以创建文件夹和文件。

二、选择题

1. 【文件】面板组中有 3 个面板，其中（　　）面板就是站点管理器的缩略图。
   A. 文件　　　　　B. 资源　　　　　C. 代码片断　　　　　D. 行为
2. 在【站点管理器】窗口中，表示连接到远端主机的工具按钮是（　　）。
   A. ▤　　　　B. ⟳　　　　C. ✕　　　　D. ▣
3. 新建网页文档的快捷键是（　　）。
   A. Ctrl+C　　　B. Ctrl+N　　　C. Ctrl+V　　　D. Ctrl+O
4. 关于【首选参数】对话框的说法，错误的是（　　）。
   A. 可以设置是否显示起始页
   B. 可以设置是否允许输入多个连续的空格
   C. 可以设置是否使用 CSS 而不是 HTML 标签
   D. 可以设置默认文档名

三、问答题

举例说明通过【首选参数】对话框可以设置 Dreamweaver 的哪些使用规则。

四、操作题

在 Dreamweaver 8 中定义一个名称为"MyBokee"的站点，文件位置为"X:\MyBokee"（X 为盘符），要求在本地进行编辑和测试，并使用"ASP VBScript"服务器技术，然后创建"images"文件夹和"index.asp"主页文件。

项目三

文本——编排文化知识网页

在网页制作中处理文本是非常重要的内容。本项目主要通过编排一个文化知识网页（见图 3-1），介绍在 Dreamweaver 8 中对网页文本进行格式设置的基本方法。在项目中，将按添加文本、设置文本格式、完善网页辅助功能的顺序进行介绍。

图 3-1　文化知识网页

学习目标

学会设置页面属性的方法。

学会设置文本字体、大小和颜色的方法。

学会设置段落、换行和列表的方法。

学会设置文本样式和对齐方式的方法。

学会设置文本缩进和凸出的方法。

学会插入水平线和日期的方法。

【设计思路】

本项目设计的是一个文化知识网页，在设计风格上突出了一种文化氛围。在网页制作过程中，上方采用一张古代宫殿图片进行烘托，下方采用小标题和正文文本的方式进行内容介绍。通过对文字和图片的精心编排和设计，让读者在浏览中不知不觉领会到一些最基本的文化知识。

任务一 添加文本

本项目是编排文化知识网页，因此添加文本是一项重要的任务。下面就开始新建一个网页文件并添加文本。通过本任务的学习，需要掌握添加文本的基本方式：直接输入、导入和复制粘贴。

【操作步骤】

1. 首先定义一个本地静态站点，然后把相关素材文件复制到站点根文件夹下。
2. 在菜单栏中选择【文件】/【新建】命令，打开【新建文档】对话框，如图3-2所示。
3. 在【常规】选项卡的【类别】列表框中选择【基本页】分类，在【基本页】列表框中选择【HTML】选项，在【文档类型】下拉列表中选择"HTML 4.01 Transitional"选项，然后单击 创建(R) 按钮，创建一个新文档。
4. 在菜单栏中选择【文件】/【另存为】命令，打开【另存为】对话框。把文件保存在站点中，设置文件名为"index.htm"，如图3-3所示。

图3-2 【新建文档】对话框

图3-3 【另存为】对话框

【知识链接】

在Dreamweaver 8中创建网页文件常用的方法有3种。

- 从起始页的【创建新项目】或【从范例创建】列表中选择相应命令。
- 在【文件】面板中站点根文件夹的右键快捷菜单中选择【新建文件】命令。
- 在菜单栏中选择【文件】/【新建】命令或按 Ctrl + N 组合键。

5. 在文档中输入文档标题"精彩知识"，然后按 Enter 键把鼠标光标移到下一段正文部分，继续输入正文内容，请参照素材文件"精彩知识.doc"中的内容。

【知识链接】

在编辑窗口中输入文本的方式，与在记事本或 Word 中输入文本的方式相同，它的排列方式由左至右，遇到编辑窗口的边界时会自动换行。

- 按 Enter 键分段：如果是段落结束时按下 Enter 键来分段，就会生成一个段落。按 Enter 键的操作通常称为"硬回车"，段落就是带有硬回车的文本组合。由硬回车生成的段落，其 HTML 标签是"<p>文本</p>"。使用硬回车划分段落后，段落与段落之间会产生一个较大的间距。
- 按 Shift+Enter 组合键强制换行：行与行之间不会有间隔，其 HTML 标签是"
"。使用换行符只能使文本换行，但这不等于重新开始一个段落。

6. 正文输入完后，按 Enter 键将鼠标光标移到下一段，输入"文化小知识"。

7. 继续按 Enter 键把鼠标光标移到下一段，在菜单栏中选择【文件】/【导入】/【Word 文档】命令，打开【导入 Word 文档】对话框，选择素材文件"文化小知识.doc"，在【格式化】下拉列表中选择第 3 项，如图 3-4 所示。

8. 单击 打开(O) 按钮，把 Word 文档内容导入到网页文档中，如图 3-5 所示。

图 3-4 导入 Word 文档

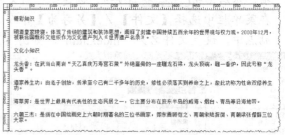

图 3-5 导入 Word 文档

9. 仍然把鼠标光标移到下一段，然后打开素材文件"精彩分类词条.doc"，全选并复制所有文本。

10. 在 Dreamweaver 8 的菜单栏中选择【编辑】/【选择性粘贴】命令，打开【选择性粘贴】对话框，在【粘贴为】选项中选择第 3 项，取消对【清理 Word 段落间距】复选框的勾选，如图 3-6 所示。

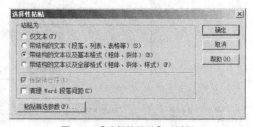

图 3-6 【选择性粘贴】对话框

单击 粘贴首选参数(P)... 按钮，可打开【首选参数】对话框进行复制粘贴参数设置。在以后进行复制粘贴时，将以此设置作为默认参数设置。

11. 单击 确定 按钮，把 Word 文档内容粘贴到 Dreamweaver 8 文档中，如图 3-7 所示。

在【选择性粘贴】对话框中，选择不同的粘贴选项以及是否勾选【清理 Word 段落间距】复选框，复制粘贴后的文本形式是有差别的，读者可通过实际练习加以体会。

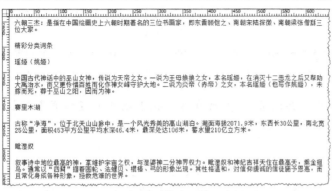

图 3-7 粘贴文本

12. 最后在菜单栏中选择【文件】/【保存】命令，再次保存文件。

任务二 设置文本格式

文本已经添加完了，下面编排文本的格式，包括字体格式、对齐方式、列表的应用、文本的凸出和缩进等。

（一） 设置文档标题

下面设置文档标题格式，首先通过【属性】面板的【格式】下拉列表定义标题的格式，然后通过【页面属性】对话框的【标题】分类重新定义所选标题格式的样式。

【操作步骤】

1. 把鼠标光标置于文档标题"精彩知识"所在行，然后在【属性】面板的【格式】下拉列表中选择"标题 2"选项，如图 3-8 所示。

图 3-8 设置标题格式

2. 在【属性】面板中单击 页面属性 按钮，打开【页面属性】对话框，然后在【分类】列表中选择【标题】分类，重新定义标题字体和"标题 2"的大小和颜色，如图 3-9 所示。

图 3-9 重新定义"标题 2"的字体、大小和颜色

3. 单击 确定 按钮关闭对话框，然后在【属性】面板中单击 （居中对齐）按钮，使标题居中显示，如图 3-10 所示。

4. 选择文本"文化小知识"，然后在【属性】面板的【格式】下拉列表中选择"标题 2"选项，并单击 （居中对齐）按钮，使标题居中显示。

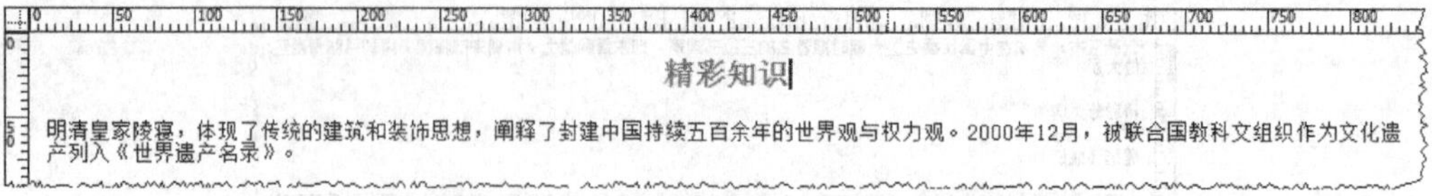

图 3-10　重新定义"标题 2"格式和居中对齐的效果

5.　选择文本"精彩分类词条"，然后在【属性】面板的【格式】下拉列表中选择"标题
2"选项，并单击 ≡（居中对齐）按钮，使标题居中显示。

【知识链接】

在设计网页时，一般都会加入一个或多个文档标题，用来对页面内容进行概括或分类。
为了使文档标题醒目，Dreamweaver 8 提供了 6 种标准的样式"标题 1"～"标题 6"，可以
在【属性】面板的【格式】下拉列表中进行选择。当将标题设置成"标题 1"～"标题 6"
中的某一种时，Dreamweaver 8 会按其默认设置显示。当然也可以通过【页面属性】对话框
的【标题】分类来重新设置"标题 1"～"标题 6"的字体、大小和颜色属性。

文本的对齐方式通常有 4 种：【左对齐】、【居中对齐】、【右对齐】和【两端对齐】。可以
依次通过单击【属性】面板中的 ≡ 按钮、≡ 按钮、≡ 按钮和 ≡ 按钮来实现，也可以通过在
菜单栏或右键快捷菜单中选择【文本】/【对齐】级联菜单命令来实现。如果设置多个段落
的对齐方式，则需要先选中这些段落。

（二）　设置文档正文

下面开始设置正文文本的格式。

【操作步骤】

1.　在【属性】面板中单击 页面属性... 按钮，打开【页面属性】对话框，在【外观】分
类中定义页面文本的字体和大小，如图 3-11 所示。

　在【页面属性】对话框中设置的字体、大小、颜色等，将对当前网页中所有的文本都起作
用，除非通过【属性】面板或其他方式对当前网页中的某些文本的属性进行了单独定义。

图 3-11　定义页面文本的字体、大小和颜色

2.　单击 确定 按钮，关闭对话框，这时文本的格式发生了变化，如图 3-12 所示。

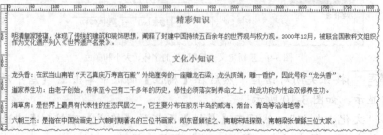

图 3-12　文本的格式发生了变化

3. 选择文本"瑶姬（姚姬）"，然后在【属性】面板的【字体】下拉列表中选择"仿宋"，在【大小】下拉列表中选择"18 像素"，在【颜色】文本框中输入"#FF0000"，并单击 I（斜体）按钮使文本斜体显示，如图 3-13 所示。

图 3-13　设置文本属性

【知识链接】

广义的文本字体属性通常包括文本的字体、大小、颜色等，可以通过【属性】面板中的【字体】、【大小】、【颜色】等选项或【文本】菜单栏中的【字体】、【大小】、【颜色】等命令来设置。在【属性】面板的【字体】下拉列表中，有些字体列表每行有 3～4 种不同的字体，这些字体以逗号隔开。浏览器在显示时，首先会寻找第 1 种字体，如果没有就继续寻找下一种字体，以确保计算机在缺少某种字体的情况下，网页的外观不会出现大的变化。如果【字体】下拉列表中没有需要的字体，可以选择【编辑字体列表】选项打开【编辑字体列表】对话框进行添加，如图 3-14 所示。单击⊞按钮或⊟按钮，将会在【字体列表】中增加或删除字体列表，单击▲按钮或▼按钮，将会在【字体列表】中上移或下移字体列表。单击《或》按钮，将会从【选择的字体】列表框中增加或删除字体列表。

在【属性】面板的【大小】下拉列表中，文本大小有两种表示方式，一种用数字表示，另一种用中文表示。如果选择"无"选项，则表示系统默认的大小。当选择数字时，其后面会出现字体大小单位列表，通常选择"像素（px）"选项。

在【属性】面板的【颜色】文本框中可以直接输入颜色代码，也可以单击【属性】面板上的【颜色】按钮，打开调色面板直接选择相应的颜色，如图 3-15 所示。单击系统颜色拾取器◉按钮，还可以打开【颜色】拾取器调色板，从中选择更多的颜色。通过设置【红】、【绿】、【蓝】的值（0～255），可以有"256×256×256"种颜色供选择。

在【属性】面板中，单击 B 按钮或 I 按钮，可以给文本设置粗体或斜体样式。在菜单栏的【文本】/【样式】中选择相应的命令，也可以对文本设置简单的样式，如"下画线"、"删除线"等。在【插入】面板中选择【文本】选项，将出现【文本】工具面板，从中单击相应的按钮也可以设置粗体或斜体样式。

图 3-14　【编辑字体列表】对话框

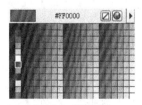

图 3-15　调色面板

4. 将鼠标光标分别置于"赛里木湖"、"毗湿奴"所在行，然后在【属性】面板的【样式】下拉列表中选择"STYLE1"选项，效果如图 3-16 所示。

> 　　设置完文本的字体、大小、颜色等属性后，在【属性】面板的【样式】下拉列表中出现了相应的样式名称 "STYLE1"，如果继续设置其他样式，其名称将会按顺序依次排下去。如果其他文本要使用同样的设置，只要选中文本并选择该样式即可。当然，这里使用样式设置文本字体等属性的前提是在【首选参数】的【常规】分类中已经设置了 "使用 CSS 而不是 HTML 标签"。

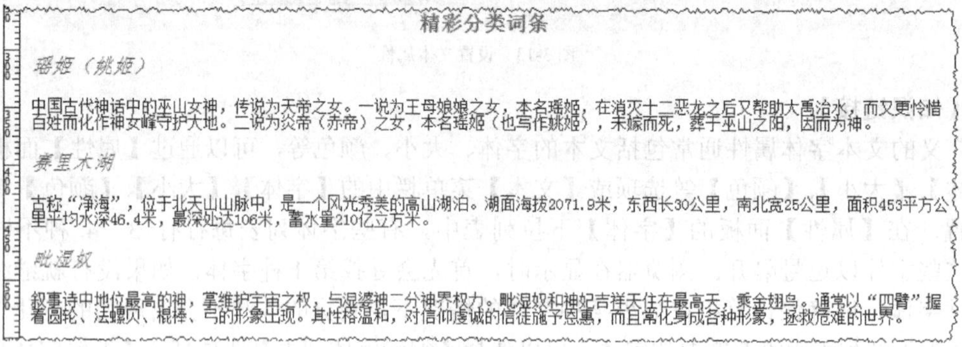

精彩分类词条

瑶姬（姚姬）

中国古代神话中的巫山女神，传说为天帝之女。一说为王母娘娘之女，本名瑶姬，在消灭十二恶龙之后又帮助大禹治水，而又更怜惜百姓而化作神女峰守护大地。二说为炎帝（赤帝）之女，本名瑶姬（也写作姚姬），未嫁而死，葬于巫山之阳，因而为神。

赛里木湖

古称 "净海"，位于北天山山脉中，是一个风光秀美的高山湖泊。湖面海拔2071.9米，东西长30公里，南北宽25公里，面积453平方公里平均水深46.4米，最深处达106米，蓄水量210亿立方米。

毗湿奴

叙事诗中地位最高的神，萋维护宇宙之权，与湿婆神二分神界权力。毗湿奴和神妃吉祥天住在最高天，乘金翅鸟。通常以 "四臂" 握着圆轮、法螺贝、棍棒、弓的形象出现。其性格温和，对信仰度诚的信徒施予恩惠，而且常化身成各种形象，拯救危难的世界。

图 3-16　设置文本样式

5.　将鼠标光标置于文本 "中国古代神话中的巫山女神，传说为……" 所在行，在【属性】面板中单击 ≡（项目列表）按钮，使文本按照项目列表方式排列，然后运用同样的方法设置其他类似的文本，如图 3-17 所示。

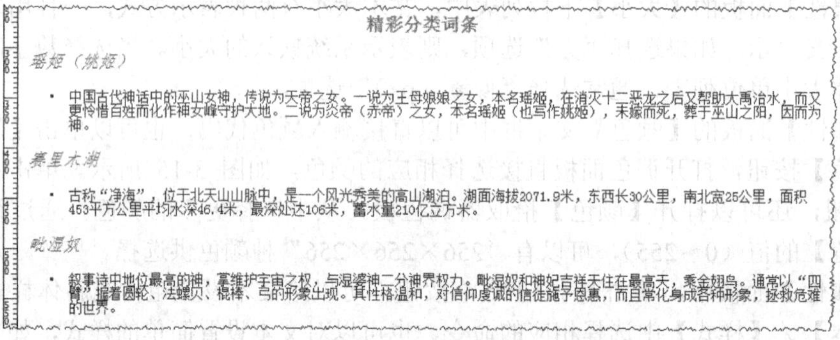

精彩分类词条

瑶姬（姚姬）

- 中国古代神话中的巫山女神，传说为天帝之女。一说为王母娘娘之女，本名瑶姬，在消灭十二恶龙之后又帮助大禹治水，而又更怜惜百姓而化作神女峰守护大地。二说为炎帝（赤帝）之女，本名瑶姬（也写作姚姬），未嫁而死，葬于巫山之阳，因而为神。

赛里木湖

- 古称 "净海"，位于北天山山脉中，是一个风光秀美的高山湖泊。湖面海拔2071.9米，东西长30公里，南北宽25公里，面积453平方公里平均水深46.4米，最深处达106米，蓄水量210亿立方米。

毗湿奴

- 叙事诗中地位最高的神，萋维护宇宙之权，与湿婆神二分神界权力。毗湿奴和神妃吉祥天住在最高天，乘金翅鸟。通常以 "四臂" 握着圆轮、法螺贝、棍棒、弓的形象出现。其性格温和，对信仰度诚的信徒施予恩惠，而且常化身成各种形象，拯救危难的世界。

图 3-17　设置项目列表

【知识链接】

　　列表是一种简单而实用的段落排列方式，最经常使用的两种列表是项目列表和编号列表。

　　在【属性】面板中单击 ≡ 按钮或 ≡ 按钮，可以给文本设置项目列表或编号列表格式。在菜单栏的【文本】/【列表】中选择相应的命令，也可以对文本设置列表格式。在【插入】面板中选择【文本】选项，或者在【文本】工具面板中单击相应的按钮，也可以设置列表格式。

　　如果对默认的列表不满意，可以进行修改。将鼠标光标放置在列表中，然后在菜单栏中选择【文本】/【列表】/【属性】命令，打开【列表属性】对话框。当在【列表类型】下拉列表中选择 "项目列表" 选项时，对应的【样式】下拉列表中的选项有 "默认"、"项目符号" 和 "正方形"。当在【列表类型】下拉列表中选择 "编号列表" 选项时，对应的【样式】下拉列表中的选项发生了变化，【开始计数】选项也处于可用状态，通过【开始计数】选项，可以设置编号列表的起始编号，如图 3-18 所示。

图 3-18 【列表属性】对话框

6. 选择"精彩分类词条"下面的所有文本，然后在【属性】面板中单击 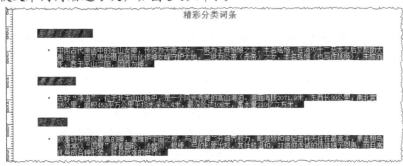 （文本缩进）按钮，使文本向内缩进 1 次，如图 3-19 所示。

图 3-19 文本缩进

7. 在菜单栏中选择【文件】/【保存】命令，再次保存文件。

【知识链接】

在文档排版过程中，有时会遇到需要使某段文本整体向内缩进或向外凸出的情况。在菜单栏或右键快捷菜单中选择【文本】/【缩进】或【凸出】命令，或者单击【属性】面板上的 按钮或 按钮，可以使段落整体向内缩进或向外凸出。

任务三 完善辅助功能

本任务继续对页面进行完善，主要包括设置网页背景、页边距，同时插入水平线、更新日期，最后设置显示在浏览器标题栏的标题等。

【操作步骤】

1. 在【属性】面板中单击 页面属性... 按钮，打开【页面属性】对话框，在【外观】分类中设置背景图像为 "images/mq.jpg"，"不重复"，左右边距均为 "50 像素"，上边距为 "150 像素"，如图 3-20 所示。

图 3-20 设置背景图像和页边距

在【外观】分类的【重复】下拉列表中有 4 个选项："不重复"、"重复"、"横向重复"及"纵向重复"，可以通过选择它们来定义背景图像的重复方式。

2. 单击 确定 按钮，结果如图 3-21 所示。

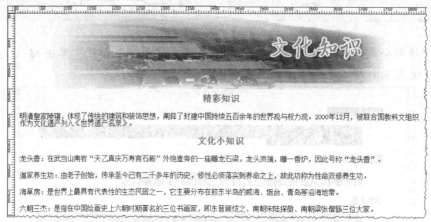

图 3-21　设置背景图像和页边距后的效果

3. 将鼠标光标置于文本"而且常化身成各种形象，拯救危难的世界。"所在行的最后面，连续按两次 Enter 键另起一段，然后在菜单栏中选择【插入】/【HTML】/【水平线】命令，插入一条水平线，如图 3-22 所示。

图 3-22　插入水平线后的效果

4. 将鼠标光标移动到水平线下方，输入文本"更新日期："并单击 按钮使其居中对齐。

5. 在菜单栏中选择【插入】/【日期】命令，打开【插入日期】对话框。在【星期格式】中选择"星期四"，在【日期格式】中选择 "1974 年 3 月 7 日"，在【时间格式】中选择 "10:18 PM"，并勾选【储存时自动更新】复选框，如图 3-23 所示。

只有在【插入日期】对话框中选择【储存时自动更新】选项的前提下，才能够做到单击日期显示日期编辑【属性】面板，否则插入的日期仅仅是一段文本而已。

6. 设置完毕后，单击 确定 按钮加以确认，如图 3-24 所示。

图 3-23　【插入日期】对话框

更新日期：2012年4月21日 星期六 6:09 PM

图 3-24　插入日期

7. 在【属性】面板中单击 页面属性... 按钮，打开【页面属性】对话框，在【标题/编码】分类的【标题】文本框输入文本"文化知识"，然后单击 确定 按钮，关闭对话框，如图3-25所示。

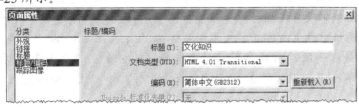

图3-25　设置浏览器标题

8. 最后在菜单栏中选择【文件】/【保存】命令，保存文件。

项目实训　制作"敦煌壁画"网页

本项目主要介绍了编排文本的基本方法，本实训将让读者进一步巩固所学的基本知识。

要求：根据操作提示将素材文件内容复制粘贴或导入到网页文档中，然后进行文本格式设置，如图3-26所示。

敦煌壁画

敦煌壁画包括敦煌莫高窟、西千佛洞、安西榆林窟共有石窟552个，有历代壁画五万多平方米，是我国也是世界壁画最多的石窟群，内容非常丰富。敦煌壁画是敦煌艺术的主要组成部分，规模巨大，技艺精湛。敦煌壁画的内容丰富多彩，它和别的宗教艺术一样，是描写神的形象、神的活动、神与神的关系、神与人的关系以寄托人们善良的愿望，安抚人们心灵的艺术。因此，壁画的风格，具有与世俗绘画不同的特征。但是，任何艺术都源于现实生活，任何艺术都有它的民族传统；因而它们的形式多出于共同的艺术语言和表现技巧，具有共同的民族风格。

敦煌壁画一开始就不同程度地具有中国气派和民族风格，形成自成体系的中国式佛教艺术。在这方面，古代画家们立下了丰功伟绩。值得称道的，是在继承和发扬民族艺术传统的基础上，借鉴外来艺术时他们那种宏伟的气魄和抉择精严的态度。

敦煌壁画类别和风格

主要类别	绘画风格
佛像画	十六国和北魏时期风格
经变画	西魏时期风格
民族传统神话题材	北周时期风格
供养人画像	唐代时期风格
装饰图案画	五代及北宋初期风格
故事画	
山水画	

图3-26　设置"敦煌壁画"文本格式

【操作步骤】

1. 新建网页文档"shixun.htm"，并输入文本"敦煌壁画"，然后按 Enter 键将鼠标光标移到下一段。

2. 打开素材文件"敦煌壁画.doc"，全选并复制所有文本。

3. 在Dreamweaver 8中选择菜单栏中的【编辑】/【选择性粘贴】命令，把Word文档内容粘贴到网页文档中。在【选择性粘贴】对话框的【粘贴为】选项中选择第3项，并取消勾选【清理 Word 段落间距】复选框。

4. 设置【页面属性】对话框，在【外观】分类中设置所有页边距均为"10 像素"，在【标题/编码】分类中设置显示在浏览器标题栏的标题为"敦煌壁画"。

5. 在【属性】面板中设置文档标题"敦煌壁画"的格式为"标题1"，并使其居中显示。

6. 在【属性】面板中设置所有正文文本的字体为"宋体"，大小为"18 像素"。

7. 在文档最后另起一段，然后在菜单栏中选择【文件】/【导入】/【Excel 文档】命令，打开【导入 Excel 文档】对话框，选择素材文件"敦煌壁画类别和风格.xls"导入 Excel 文档。

8. 将鼠标光标放置在"敦煌壁画类别和风格"所在行，然后在【属性】面板的【格式】下拉列表中选择【标题3】选项，并单击 ≡ 按钮使其居中显示。

9. 选中"敦煌壁画类别和风格"所在行下面所有文本，然后在【属性】面板的【样式】下拉列表中选择"STYLE1"选项。

10. 选中文本"主要类别"和"绘画风格"，然后在【属性】面板中单击 **B** 按钮使其加粗显示。

11. 最后保存文件。

项目小结

本项目涉及的知识点概括起来主要有：①添加文本的方式，包括直接输入、复制粘贴和导入；②【页面属性】的设置，包括页面字体、文本大小、文本颜色、背景图像、页边距、文档标题格式的重新定义、浏览器标题等；③文本【属性】面板的使用，包括标题格式、文本字体、文本大小、文本颜色、对齐方式、文本样式、项目列表和编号列表、文本缩进和凸出等；④插入水平线和日期的方法。

总之，本项目介绍的内容是最基础的知识，希望读者多加练习，为后续的学习打下基础。

思考与练习

一、填空题

1. 在文档窗口中，每按一次_____键就会生成一个段落。

2. 文本的对齐方式通常有4种：【左对齐】、【居中对齐】、【右对齐】和_____。

3. 如果【字体】下拉列表中没有需要的字体，可以选择_____选项打开【编辑字体列表】对话框进行添加。

4. 通过【页面属性】对话框的_____分类，可以设置当前网页在浏览器标题栏显示的标题以及文档类型和编码。

5. 在菜单栏中选择【插入】/【HTML】/_____命令，在文档中插入一条水平线。

二、选择题

1. 按（　　）键可在文档中插入换行符。
   A. Ctrl+Space　　B. Shift+Space　　C. Shift+Enter　　D. Ctrl+Enter

2. 换行符的 HTML 标签是（　　）。

    A. <p>   B.
          C. <B>   D. <I>

3. 通过【页面属性】对话框的（　　　　）分类，可以设置当前网页的背景颜色、背景图像和页边距等。

    A. 【外观】   B. 【链接】   C. 【标题】   D. 【标题/编码】

4. 列表是一种简单而实用的段落排列方式，最经常使用的两种列表是项目列表和（　　　）列表。

    A. 数字   B. 符号   C. 顺序   D. 编号

5. Dreamweaver 8 提供的编号列表的样式不包括（　　　）。

    A. 数字   B. 字母   C. 罗马数字   D. 中文数字

三、问答题

1. 通过【页面属性】对话框和【属性】面板都可以设置文本的字体、大小和颜色，它们有何差异？

2. 常用的列表类型有哪些？

四、操作题

根据操作提示编排"第 84 届奥斯卡花絮"网页，如图 3-27 所示。

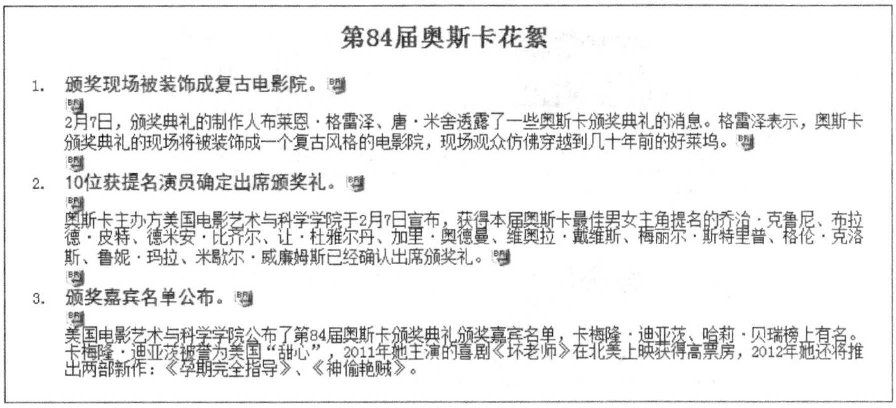

第84届奥斯卡花絮

1. 颁奖现场被装饰成复古电影院。

    2月7日，颁奖典礼的制作人布莱恩·格雷泽、唐·米舍透露了一些奥斯卡颁奖典礼的消息。格雷泽表示，奥斯卡颁奖典礼的现场将被装饰成一个复古风格的电影院，现场观众仿佛穿越到几十年前的好莱坞。

2. 10位获提名演员确定出席颁奖礼。

    奥斯卡主办方美国电影艺术与科学学院于2月7日宣布，获得本届奥斯卡最佳男女主角提名的乔治·克鲁尼、布拉德·皮特、德米安·比齐尔、让·杜雅尔丹、加里·奥德曼、维奥拉·戴维斯、梅丽尔·斯特里普、格伦·克洛斯、鲁妮·玛拉、米歇尔·威廉姆斯已经确认出席颁奖礼。

3. 颁奖嘉宾名单公布。

    美国电影艺术与科学学院公布了第84届奥斯卡颁奖典礼颁奖嘉宾名单，卡梅隆·迪亚兹、哈莉·贝瑞榜上有名。卡梅隆·迪亚茨被誉为美国"甜心"，2011年她主演的喜剧《坏老师》在北美上映获得高票房，2012年她还将推出两部新作：《孕期完全指导》、《神偷艳贼》。

图 3-27　编排文本网页

【操作提示】

(1) 新建一个文档"lianxi.htm"，然后将"课后习题\素材"文件夹下的"第 84 届奥斯卡花絮.doc"文档内容复制或导入到文档中，要求保留带结构的文本及基本格式，不要清理 Word 段落间距。

(2) 设置页面属性：页边距全部为"20"，文本字体为"宋体"，大小为"14 像素"，浏览器标题栏显示的标题为"第 84 届奥斯卡花絮"。

(3) 将文档标题"第 84 届奥斯卡花絮"设置为"标题 2"并居中显示。

(4) 设置所有正文文本为编号列表排列。

(5) 在前两段文本后面分别加两个换行符，在每段正文文本的首句后面分别加两个换行符。

(6) 将 3 个小标题文本的字体设置为"黑体"，大小设置为"16 像素"。

(7) 保存文档。

项目四

图像和媒体——编排自然风景网页

在网页中,文本固然是传递信息的最主要形式,但图像和媒体的作用也不可小视。当今互联网之所以具有极强的吸引力,与图像和媒体的普遍应用有着密切的关系。本项目以编排自然风景网页为例(见图4-1),介绍使用 Photoshop CS3 处理图像,使用 Flash 8 制作动画,以及在网页中插入图像和 Flash 动画、图像查看器和 ActiveX 视频的方法。

美丽的自然风景

黄山素有"天下第一奇山"的美称,为道教圣地,传轩辕黄帝曾在此炼丹。徐霞客曾两次游黄山,留下"五岳归来不看山,黄山归来不看岳"的感叹,李白等大诗人在此也留下了壮美诗篇。黄山是著名的避暑胜地,是国家级风景名胜区和疗养避暑胜地。1985年入选全国十大风景名胜,1990年12月被联合国教科文组织列入《世界文化与自然遗产名录》,是中国第二个同时作为文化、自然双重遗产列入名录的风景名胜区。

黄山"四绝"之一的奇松,延绵数百里,千峰万壑,比比皆是。黄山松,分布于海拔800米以上高山,以石为母,顽强地扎根于巨岩裂隙。黄山松针叶粗短,苍翠浓密,干曲枝虬,千姿百态。或倚岸挺拔,或独立峰巅,或倒悬绝壁,或平卧如毯,或尖削�剑。有的循度度壁,绕石西过,有的穿路六健,破石而出。忽悬、忽横、忽卧、忽起,"无树非松,无石不松,无松不奇"。

黄山"四绝"之一的怪石,以奇取胜,以多著称。已被命名的怪石有120多处。其形态可谓千奇百怪,令人叫绝。似人似物,似鸟似兽,情态各异,形象逼真。黄山怪石从不同的位置、在不同的天气观看情态迥异,可谓"横看成岭侧成峰,远近高低各不同"。其分布可谓遍及峰峦巅坡,或兀立峰顶或戏逗坡缘,或与松结伴,构成一幅幅天然山石画卷。

自古黄山云成海,黄山是云雾之乡,以峰为体,以云为衣,其瑰丽壮观的"云海"以美、胜、奇、幻享誉古今,一年四季皆可观光以各季景最佳。依云海分布方位,全山有东海、南海、西海、北海和天海;而登莲花峰、天都峰、光明顶则可尽收诸海于眼底,领略"海到尽头天是岸,山登绝顶我为峰"之境地。

黄山"四绝"之一的温泉(古称汤泉),濒出海拔850米的紫云峰下,水质以含重碳酸为主,可饮可浴,传说轩辕黄帝就是在此沐浴七七四十九返老还童,羽化飞升的,故又被誉之为"灵泉"。黄山温泉由紫云峰下喷涌而初,与桃花峰隔溪相望,是经游黄山大门进入黄山的第一站。温泉每天的出水量约4000吨左右,常年不息,水温常年在42度左右,对某些病症有一定的功效。

图4-1 自然风景网页

学习目标

学会使用 Photoshop CS3 处理图像的方法。

学会使用 Flash 8 制作简单动画的方法。

学会在网页中插入和设置图像的方法。

学会在网页中插入 Flash 动画等媒体的方法。

学会在网页中进行图文混排的基本方法。

【设计思路】

本项目设计的是一个自然风景介绍的网页，在设计风格上符合景物介绍图文并茂的基本要求。在网页制作过程中，上方采用一张图片式标题揭示网页的主题内容，下方采用图文混排的方式进行内容介绍，包括图片、媒体等。通过对文字、图片、媒体的精心编排和设计，不仅使景物介绍声情并茂，而且也给人一种清新自然的感觉。

任务一 在网页中使用图像

网页中图像的作用基本上可分为两种：一种是起装饰作用，如背景图像、网页中起划分区域作用的边框或线条等；另一种是起传递信息作用，如网页中插入的诸如新闻图片、旅游图片等，它和文本的作用是一样的。目前，网页中经常使用的图像格式是 GIF 和 JPG。GIF格式文件小、支持透明色、下载时具有从模糊到清晰的效果，是网页中经常使用的图像格式。JPG 格式为摄影提供了一种标准的有损耗压缩方案，比较适合处理照片一类的图像。

本任务主要介绍在 Photoshop CS3（标准版或扩展版均可）中处理图像，在Dreamweaver 8 中向网页插入图像并设置图像属性的方法。

（一） 处理图像

下面首先使用 Photoshop CS3 制作图像文件"logo.gif"，然后修改图像文件"huang.jpg"的大小，使其适合在网页中使用。

【操作步骤】

1. 首先将素材文件中的字体文件"fonts/简启体.TTF"复制到计算机中"windows/fonts"文件夹下，然后将其他相关素材文件复制到站点根文件夹下。
2. 启动 Photoshop CS3，进入其操作界面，如图 4-2 所示。

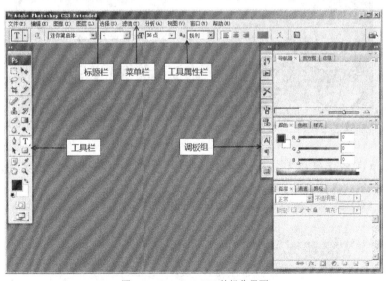

图 4-2 Photoshop CS3 的操作界面

3. 在菜单栏中选择【文件】／【新建】命令，打开【新建】对话框，参数设置如图 4-3 所示。

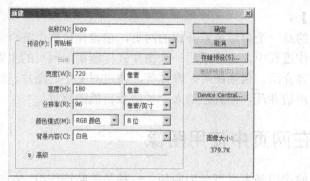

图 4-3 【新建】对话框

4. 单击 ［　　确定　　］ 按钮创建一个空白图像文件，然后在菜单栏中选择【文件】/【打开】命令，打开图像文件 "images/huangshan.jpg"。

5. 在左侧工具箱中用鼠标右键单击 ▢ （矩形选框工具）按钮，然后在工具属性栏的【羽化】文本框中输入 "20px"，在【样式】下拉列表中选择 "固定大小"，在宽度和高度文本框中分别输入 "620px" 和 "80px"。

> 单击工具箱顶部的双向箭头，可将工具箱在单排和双排效果间切换。将鼠标光标置于工具箱顶部标有 "Ps" 的标题栏上按下鼠标左键并拖动，可以将其移至工作界面中的任何位置。

6. 接着在图像窗口中适当位置单击鼠标左键，选择相应的区域，如图 4-4 所示。

图 4-4 选择区域

7. 在菜单栏中选择【编辑】/【拷贝】命令，然后关闭该窗口。接着选择【编辑】/【粘贴】命令，将其粘贴到新建的文档窗口中，如图 4-5 所示。

图 4-5 粘贴图像

8. 在左侧工具箱中用鼠标右键单击 T（横排文字工具）按钮，在工具属性栏的【字体】列表框中选择"迷你简启体"，在【大小】列表框中选择"36 点"。然后单击 ■（颜色）按钮，打开【选择文本颜色】对话框，在"#"后面的文本框中输入"3399cc"，如图 4-6 所示。

9. 单击 确定 按钮，文字工具属性设置如图 4-7 所示。

10. 用鼠标左键在文档窗口中单击并输入文字"美丽的自然风景"，如图 4-8 所示。

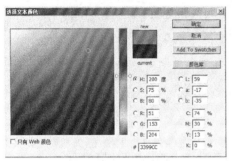

图 4-7　设置文字工具属性

图 4-6　设置颜色

图 4-8　输入文字

11. 在菜单栏中选择【图层】/【图层样式】/【描边】命令，打开【图层样式】对话框，单击 ■（颜色）按钮，打开【选取描边颜色】对话框，在"#"后面的文本框中输入"ffffff"，如图 4-9 所示。

12. 单击 确定 按钮关闭【选取描边颜色】对话框，并选中【投影】选项，如图 4-10 所示。

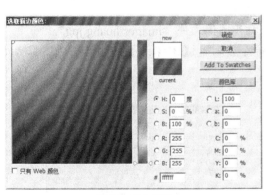

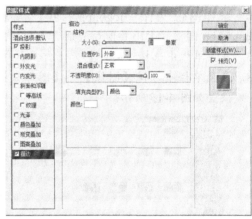

图 4-9　输入文字

图 4-10　设置描边颜色

13. 单击 确定 按钮，文字效果如图 4-11 所示。

图 4-11　设置图层样式后的效果

14. 在菜单栏中选择【文件】／【存储】命令将文件保存为 "logo.psd"，如图 4-12 所示。

15. 接着在菜单栏中选择【文件】／【存储为 Web 和设备所用格式】命令，打开【存储为 Web 和设备所用格式】对话框，在【预设】下拉列表中选择 "JPEG 高"，如图 4-13 所示。

图 4-12　保存文件　　　　　　　　　　　图 4-13　【存储为 Web 和设备所用格式】对话框

16. 单击 ▢存储▢ 按钮，将文件保存为 "logo.jpg"，如图 4-14 所示。

> 保存成扩展名为 ".psd" 格式的文件，方便以后在 Photoshop 中修改该文件。保存成扩展名为 ".jpg" 或 ".gif" 格式的文件，方便以后在网页中应用该文件。

这样图像文件 "logo.jpg" 就制作完了，下面打开图像文件 "huang.jpg"，使用 Photoshop 调整其大小并保存成适合网页用的格式文件。

17. 在菜单栏中选择【文件】／【打开】命令，打开图像文件 "images/huang.jpg"。

18. 在菜单栏中选择【图像】／【图像大小】命令，打开【图像大小】对话框，图像大小设置如图 4-15 所示。

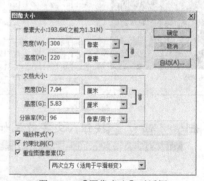

图 4-14　保存成适合 Web 用的格式　　　　　　图 4-15　【图像大小】对话框

> 在选中【约束比例】复选框后，输入图像的宽度，图像的高度将根据比例自动调整，在操作时建议将 3 个复选框同时选中。

19. 单击 ▢确定▢ 按钮，调整大小后的图像如图 4-16 所示。

20. 在菜单栏中选择【文件】／【存储为 Web 和设备所用格式】命令，将调整大小后的图像保存为 "hs.jpg"。

21. 在菜单栏中选择【文件】／【关闭】命令，关闭原图像文件 "images/huang.jpg"，在弹出如图 4-17 所示对话框时，单击 否(N) 按钮，不保存对原图像的更改。

图 4-16　调整图像大小

图 4-17　提示对话框

【知识链接】

　　Photoshop CS3 中的工具箱默认位于窗口左侧，其中包含了各种图像编辑工具，如选择、绘画、设置颜色及修饰类工具，如图 4-18 所示。要选择某个工具，只需单击相应的工具按钮即可。大多数工具按钮的右下角带有黑色小三角，表示该工具下还隐藏有其他同类工具。将鼠标光标移至该工具按钮上，按住鼠标左键不放或单击鼠标右键，即可显示隐藏的工具。将鼠标光标移至相应的工具按钮上单击鼠标左键，即可选择隐藏的工具。

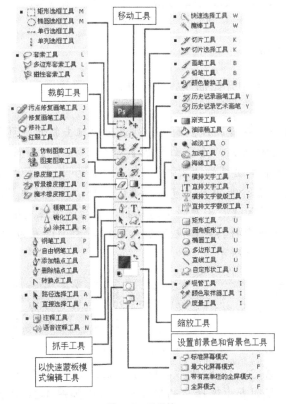

图 4-18　工具箱

工具属性栏通常位于菜单栏的下面，主要用于显示工具箱中当前所选工具的参数和选项设置，同时也可以修改相应参数值，工具属性栏显示的内容会随所选工具的不同而不同。调板默认情况下位于窗口的右侧，利用这些调板可以方便地查看、编辑图像信息，选择颜色，管理图层、路径、历史记录等。在 Photoshop CS3 中，单击调板组顶部的双箭头 按钮，可以将调板以图标效果显示，从而可扩大操作空间，如图 4-19 所示。此时 按钮变为 按钮，单击 按钮可恢复调板显示。

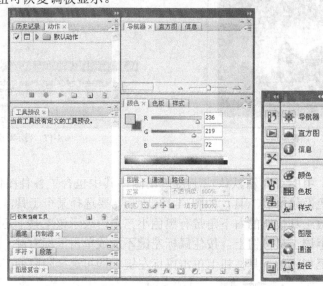

图 4-19　调板

（二）　插入图像

下面在 Dreamweaver 8 中开始插入并设置网页中的图像。

【操作步骤】

1. 启动 Dreamweaver 8，在【文件】面板的列表框中双击打开网页文件 "index.htm"。

2. 在菜单栏中选择【修改】/【页面属性】命令，打开【页面属性】对话框。在【外观】分类中将页面字体设置为 "宋体"，大小设置为 "14 像素"，上边距设置为 "2 像素"。在【标题/编码】分类中将浏览器标题设置为 "美丽的自然风景"。

3. 单击 确定 按钮关闭【页面属性】对话框，然后选中正文第 2 段首句中的文本 "奇松"，在【属性】面板中将其字体设置为 "黑体"，大小设置为 "16 像素"，颜色设置为 "#FF0000"，如图 4-20 所示。

图 4-20　设置文本

4. 接着依次选中正文第 3、4、5 段首句中的 "怪石"、"云海" 和 "温泉"，并在【属性】面板的【样式】下拉列表中选择 "STYLE1"，效果如图 4-21 所示。

【图像1】

【图像2】黄山素有"天下第一奇山"的美称，为道教圣地，传轩辕黄帝曾在此炼丹。徐霞客曾两次游黄山，留下"五岳归来不看山，黄山归来不看岳"的感叹，李白等大诗人在此也留下了壮美诗篇。黄山是著名的避暑胜地，是国家级风景名胜区和疗养避暑胜地。1985年入选全国十大风景名胜，1990年12月被联合国教科文组织列入《世界文化与自然遗产名录》，是中国第二个同时作为文化、自然双重遗产列入名录的风景名胜区。

黄山"四绝"之一的**奇松**，延绵数百里，千峰万壑，比比皆是。黄山松，分布于海拔800米以上高山，以石为母，顽强地扎根于巨岩裂隙。黄山松针叶粗短，苍翠浓密，干曲枝虬，千姿各态。或倚岸挺拔，或独立峰巅，或倒悬绝壁，或冠平如盖，或尖削似剑。有的循崖度壑，绕石而过；有的穿罅穴缝，破石而出。忽悬、忽横、忽卧、忽起，"无树非松，无石不松，无松不奇"。

【Flash动画】黄山"四绝"之一的**怪石**，以奇取胜，以多著称。已被命名的怪石有120多处。其形态可谓千奇百怪，令人叫绝。似人似物，似鸟似兽，情态各异，形象逼真。黄山怪石从不同的位置，在不同的天气观看情趣迥异，可谓"横看成岭侧成峰，远近高低各不同"。其分布可谓遍及峰壑巅坡，或兀立峰顶或戏逗坡缘，或与松结伴，构成一幅幅天然山石画卷。

自古黄山云成海，黄山是云雾之乡，以峰为体，以云为衣，其瑰丽壮观的**"云海"**以美、胜、奇、幻享誉古今，一年四季皆可观尤以冬季景最佳。依云海分布方位，全山有东海、南海、西海、北海和天海；而登莲花峰、天都峰、光明顶则可尽收诸海于眼底，领略"海到尽头天是岸，山登绝顶我为峰"之境地。

黄山"四绝"之一的**温泉**（古称汤泉），源出海拔850米的紫云峰下，水质以含重碳酸为主，可饮可浴。传说轩辕皇帝就是在此沐浴七七四十九日得返老还童，羽化飞升的，故又被誉之为"灵泉"。黄山温泉由紫云峰下喷涌而初，与桃花峰隔溪相望，是经游黄山大门进入黄山的第一站。温泉每天的出水量约400吨左右，常年不息，水温常年在42度左右，对某些病症有一定的功效。

【图像查看器】 【视频】

图 4-21 文本效果

5. 将文本"【图像 1】"选中并删除，然后在菜单栏中选择【插入】／【图像】命令，打开【选择图像源文件】对话框，选中图像文件"images/logo.jpg"，如图 4-22 所示。

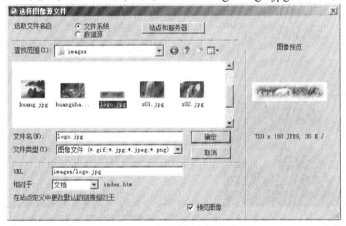

图 4-22 【选择图像源文件】对话框

> 在【相对于】下拉列表中选择"文档"选项，【URL】将使用文档相对路径"images/logo.jpg"，选择"站点根目录"选项，【URL】将使用站点根目录相对路径"/images/logo.jpg"。如果勾选【预览图像】复选框，选定图像的预览图会显示在对话框的右侧。

【知识链接】

在网页中，插入图像的方法通常有以下 3 种。

- 在菜单栏中选择【插入】／【图像】命令。

- 在【插入】/【常用】面板的【图像】下拉菜单中单击 按钮。
- 在【文件】面板中选中图像文件，然后拖到文档中适当位置。

从【选择图像源文件】对话框右侧预览图下面的提示文字，可以查看所插入图像的幅面大小，如果图像幅面比较大，需要将其缩小。缩小图像的方法通常有两种，一是直接使用图像处理软件如 Photoshop 缩小图像，二是在 Dreamweaver 8 图像【属性】面板中通过设置图像的宽度和高度来缩小图像。这两种方法是有差别的，前一种方法改变了图像的物理尺寸，后一种方法只是改变了图像的显示大小，并没有改变图像的物理尺寸。

6. 单击 确定 按钮将图像插入到文档中，然后在【属性】面板中单击 按钮使图像居中显示，如图 4-23 所示。

图 4-23 插入图像

7. 将正文第 1 段开头的文本"【图像 2】"删除，然后在【文件】面板中将图像文件"images/hs.jpg"拖到该位置，如图 4-24 所示。

图 4-24 拖动图像

8. 在图像【属性】面板的【高】文本框中输入"110"来重新定义图像的显示宽度（也可以将鼠标光标移动到图像控点上，按住鼠标左键拖曳调整图像大小，若是按住 Shift 键拖曳，图像会等比例缩放）。

在【属性】面板中输入宽度和高度只是改变了图像的显示尺寸，并没有改变图像本身大小，因此在单击其后面的 图标时能够恢复图像的原始大小。

9. 在图像【属性】面板的【替换】文本框中输入"黄山"，在【垂直边距】文本框中输入
   "0"，在【水平边距】文本框中输入"10"，在【边框】文本框中输入"0"，在【对齐】
   下拉列表中选择"左对齐"。【属性】面板参数设置前后如图4-25所示。

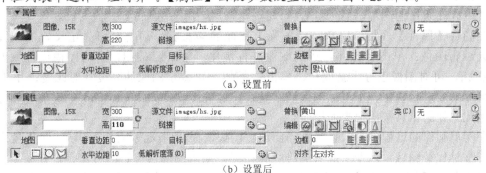

（a）设置前

（b）设置后

图4-25　设置图像属性

> **说明**　替换文本的作用是，当图像不能正常显示时可以显示替换文本。在预览结果时，当鼠标光
> 标移至图像时，替换文本会立即显示出来。

10. 在菜单栏中选择【文件】/【保存】命令保存文件，效果如图4-26所示。

美丽的自然风景

黄山素有"天下第一奇山"的美称，为道教圣地，传轩辕黄帝曾在此炼丹。徐
霞客曾两次游黄山，留下"五岳归来不看山，黄山归来不看岳"的感叹，李白
等大诗人在此也留下了壮美诗篇。黄山是著名的避暑胜地，是国家级风景名胜
区和疗养避暑胜地。1985年入选全国十大风景名胜，1990年12月被联合国教科
文组织列入《世界文化与自然遗产名录》，是中国第二个同时作为文化、自然
双重遗产列入名录的风景名胜区。

图4-26　设置图像属性后的效果

【知识链接】

在【属性】面板的【源文件】文本框中显示的是图像的地址，可以单击【源文件】文本
框后面的🗁按钮，打开【选择图像源文件】对话框，或将文本框后面的⊕图标拖曳到【文
件】面板中需要的图像文件上释放鼠标来重新定义源文件。

垂直边距指的是图像在垂直方向与文本或其他页面元素的间距，水平边距指的是图像在
水平方向与文本或其他页面元素的间距。边框指的是图像边框的宽度，在给图像设置超级链
接时经常将图像边框设置为"0"，这样图像超级链接不会出现带有颜色的边框，否则会出现
边框，影响美观。

在网页中，经常出现文本和图像混排的现象。在学习表格、Div+CSS网页布局技术之
前，如何做到这一点呢？这就需要用到【属性】面板的【对齐】选项了，【对齐】选项调整
的是图像周围的文本或其他对象与图像的位置关系。在【对齐】下拉列表中共有10个选
项，其中经常用到是"左对齐"和"右对齐"两个选项。另外，使用【对齐】下拉列表中的
选项和使用【属性】面板上的 ≡ ≡ ≡ 3个对齐按钮，其针对的HTML标签是不一样的。前
者直接作用于图像标签<IMG>，后者直接作用于段落标签<P>或布局标签<DIV>。

在图像【属性】面板中还有【低解析度源】选项。它一般指向黑白的或者压缩率非常大的图像，也就是高质量、大尺寸图像的副本。当浏览器下载网页时，先将低解析度源的图片下载，由于其尺寸非常小，因此能被较快地下载，使用户快速地看到图像的概貌。此时浏览器继续下载高质量的图片，而浏览者可以选择继续等待还是跳转到其他网页。

在图像【属性】面板中，单击【编辑】后面的 按钮，可打开事先定义好的图像处理软件来编辑图像；单击 按钮，可对图像进行优化；单击 按钮，可对图像进行裁剪；单击 按钮，可对图像进行重新取样；单击 按钮，可调整图像的亮度和对比度；单击 按钮，可对图像进行锐化。不过，图像通常是在图像处理软件如 Photoshop 中提前处理好再使用，因此此处的工具按钮很少使用。

在网页制作的过程中，如果某处需要放置图像，而此时又没有这个图像，可以使用图像占位符临时代替图像，以便于网页的排版和布局。插入图像占位符的方法是，在菜单栏中选择【插入】/【图像对象】/【图像占位符】命令，或在【插入】/【常用】面板的【图像】下拉菜单中单击 按钮，打开【图像占位符】对话框，然后设置图像占位符的名称、宽度和高度、颜色、替换文本等。在插入图像占位符后，通过【属性】面板还可以修改图像占位符的名称、宽度和高度、颜色、替换文本以及对齐方式。在有了合适的图像后，可以通过图像占位符【属性】面板的【源文件】文本框设置实际需要的图像文件，设置完毕后图像占位符将自动变成图像，如图 4-27 所示。

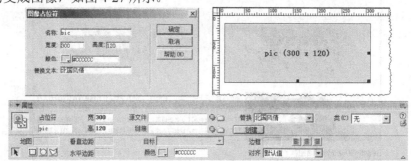

图 4-27　图像占位符

任务二　在网页中使用媒体

多媒体技术的发展使网页设计者能够轻松自如地在页面中加入声音、动画、影片等内容，使制作的网页充满了乐趣，更给访问者增添了几分欣喜。在 Dreamweaver 8 中，媒体的内容包括 Flash 动画、图像查看器、Flash 文本、Flash 按钮、FlashPaper、Flash 视频、Shockwave 影片、Applet、ActiveX 以及插件等。但随着 Dreamweaver 版本的升级，图像查看器、Flash 文本、Flash 按钮、FlashPaper 在 Dreamweaver 中最终消失。

本任务主要介绍使用 Flash 8 制作 Flash 动画，在 Dreamweaver 8 中向网页插入 Flash 动画、图像查看器和 ActiveX 视频的方法。

（一）　制作 Flash 动画

下面首先使用 Flash 8 制作 Flash 动画文件 "hssj.fla"，并将其输出为 "hssj.swf"，以方便在在网页中使用。

【操作步骤】

1. 启动 Flash 8，首先出现版权页，然后会出现开始页，如图 4-28 所示。

图 4-28 Flash 8 开始页

【知识链接】

Flash 8 的开始页提供了 3 种操作方式，这与 Dreamweaver 8 的起始页相似，这里不再详述。如果不希望 Flash 启动时显示起始页，可以勾选开始页左下角的【不再显示此对话框】复选框。如果以后又希望 Flash 8 启动时出现此对话框，可以在菜单栏中选择【编辑】/【首选参数】命令，打开【首选参数】对话框，在【常规】分类的【启动时】下拉列表中选择"显示开始页"选项即可，如图 4-29 所示。

图 4-29 【首选参数】对话框

2. 在开始页中单击【创建新项目】栏的【Flash 文档】选项，创建一个 Flash 文档，如图 4-30 所示。

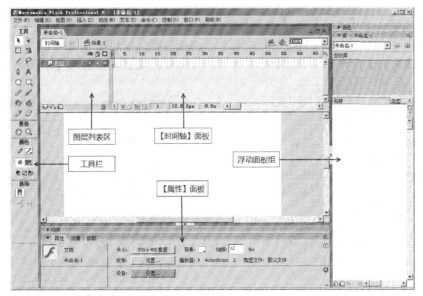

图 4-30 创建 Flash 文档

49

【知识链接】

在菜单栏中选择【文件】/【新建】命令，打开【新建文档】对话框也可以创建文档，如图 4-31 所示。这是 Flash 8 为用户提供的非常便利的向导工具。利用该向导能够创建某种类型的文档，也可以借助模板来创建某种样式的文稿。

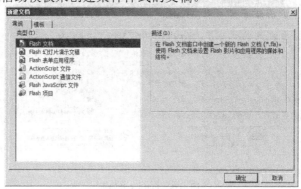

图 4-31 【新建文档】对话框

在当前编辑的动画窗口中，进行动画内容编辑的整个区域叫做场景。在电影或话剧中，经常要更换场景，在 Flash 动画中，为了设计的需要，也可以更换不同的场景，每个场景都有不同的名称。可以在整个场景内进行图形的绘制和编辑工作，但是最终动画仅显示场景中白色区域（也可能是其他颜色，这是由动画属性设置的）内的内容，一般把这个区域称为舞台，而舞台之外的灰色区域称为工作区。舞台是绘制和编辑动画内容的矩形区域，这些动画内容包括矢量图形、文本框、按钮、导入的位图图形或视频剪辑等。动画在播放时仅显示舞台上的内容，对于舞台之外的内容是不显示的。在设计动画时，往往要利用工作区做一些辅助性的工作，但主要内容都要在舞台中实现。这就如同演出一样，在舞台之外（后台）可能要做许多准备工作，但真正呈现给观众的只是舞台上的表演。

工具栏用于在制作 Flash 动画时绘制图形、输入文本以及对它们进行修改等操作，如图 4-32 所示。

3. 在菜单栏中选择【文件】/【保存】命令将文件暂时保存为 "hssj.fla"。

4. 在【属性】面板中单击【大小】右侧的 550 x 400 像素 按钮（或者在菜单栏中选择【修改】/【文档】命令），打开【文档属性】对话框，设置文档的尺寸，如图 4-33 所示。

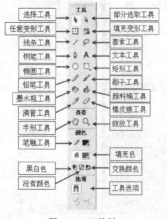

图 4-32 工具栏

图 4-33 【文档属性】对话框

5. 单击 确定 按钮关闭对话框，然后在菜单栏中选择【文件】/【导入】/【导入到库】命令，将 "images" 文件夹下的图像文件 "h01.jpg"、"h02.jpg"、"h03.jpg" 和 "h04.jpg" 导入到【库】面板中，如图 4-34 所示。

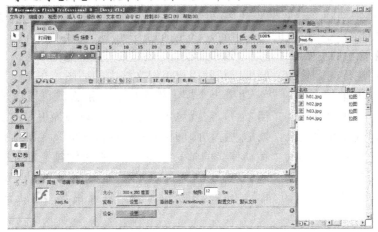

图 4-34 导入素材到【库】面板

 按住 Shift 键不放，单击第 1 个图像文件，然后再单击最后一个图像文件，可将它们连续选中。

【知识链接】

【库】面板用于存储和组织在 Flash 中创建的各种元件以及导入的文件，包括位图图像、声音文件、视频剪辑等。使用【库】面板可以组织文件夹中的库项目，查看项目在文档中使用的频率，并按类型对项目排序等。

使用【属性】面板可以很容易地查看舞台或时间轴上当前选定项的最常用属性，根据当前选定内容的不同，【属性】面板可以显示当前文档、文本、元件、帧等对象的信息和设置。当选定了两个或多个不同类型的对象时，它会显示选定对象的总数。

6. 将【库】面板中的图像 "h01.jpg" 拖到舞台上，然后在菜单栏中选择【窗口】/【对齐】命令，打开【对齐】面板。

7. 在【对齐】面板中，用鼠标左键单击【相对于舞台:】下面的 □ 按钮，然后依次单击【对齐】下面的 品 按钮和 中 按钮，使图像居中显示，如图 4-35 所示。

图 4-35 使图像居中显示

8. 在时间轴的第 30 帧处单击鼠标右键，在弹出的快捷菜单中选择【插入关键帧】命令插入一个关键帧，如图 4-36 所示。

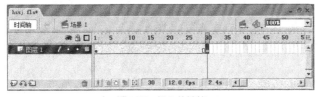

图 4-36 插入关键帧

【知识链接】

时间轴用于组织和控制文档内容在一定时间内播放的层数和帧数。从其功能来看，【时间轴】面板可以分为左右两个部分：层控制区和帧控制区。时间轴能够显示文档中哪些地方有动画，包括逐帧动画、补间动画和运动路径，可以在时间轴中插入、删除、选择和移动帧，也可以将帧拖到同一层中的不同位置，或是拖到不同的层中。

【时间轴】面板的主要组件是层、帧和播放头，还包括一些信息指示器。层就像透明的投影片一样，一层层地向上叠加。层可以帮助用户组织文档中的插图，在某一层上绘制和编辑对象，不会影响其他层上的对象。如果一个层上没有内容，那么就可以透过它看到下面的层。当创建了一个新的 Flash 文档之后，它就包含一个层。可以添加更多的层，以便在文档中组织插图、动画和其他元素。帧是进行动画创作的基本时间单元，关键帧是对内容进行了编辑的帧，或包含修改文档的"帧动作"的帧。Flash 可以在关键帧之间补间或填充帧，从而生成流畅的动画。

9. 在图层列表区单击左下角的 （插入图层）按钮，在【图层 1】上面再插入一个图层，如图 4-37 所示。

10. 在时间轴的第 31 帧处插入一个关键帧，然后将【库】面板中的图像 "h02.jpg" 拖到舞台上，并使其居中显示，最后在时间轴的第 60 帧处插入一个关键帧，如图 4-38 所示。

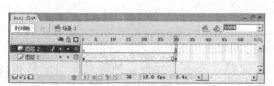

图 4-37　插入图层　　　　　　　　　　图 4-38　插入图像和关键帧

11. 在图层列表区单击左下角的 （插入图层）按钮，在【图层 2】上面再插入一个图层，然后在时间轴的第 61 帧处插入一个关键帧，并将【库】面板中的图像 "h03.jpg" 拖到舞台上，并使其居中显示，最后在时间轴的第 90 帧处插入一个关键帧，如图 4-39 所示。

图 4-39　插入图像和关键帧

12. 在图层列表区单击左下角的 ↔（插入图层）按钮，在【图层 3】上面再插入一个图层，然后在时间轴的第 91 帧处插入一个关键帧，并将【库】面板中的图像"h04.jpg"拖到舞台上，并使其居中显示，最后在时间轴的第 120 帧处插入一个关键帧，如图 4-40 所示。

13. 在菜单栏中选择【控制】／【测试影片】命令测试动画的播放效果，然后在菜单栏中选择【文件】／【保存】命令再次保存文件。

14. 在菜单栏中选择【文件】／【导出】／【导出影片】命令，打开【导出影片】对话框，设置文件名称为 "hssj.swf"。

15. 单击 保存(S) 按钮打开【导出 Flash Player】对话框，如图 4-41 所示，直接单击 确定 按钮将出现一个导出进度条，很快作品就被导出为一个独立的 Flash 动画文件了。

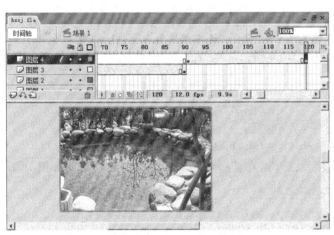

图 4-40　插入图像和关键帧

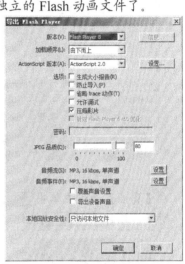

图 4-41　【导出 Flash Player】对话框

【知识链接】

上面创建的 Flash 动画是逐帧动画。逐帧动画就是在不同的帧中放入不同的图像，然后一帧连着一帧进行播放，这种动画类型对于对象的运动和变形过程可以进行精确地控制。

（二）　插入 Flash 动画

下面在 Dreamweaver 8 中开始插入上面刚刚创建的 Flash 动画。

【操作步骤】

1. 将正文第 3 段开头的文本 "【Flash 动画】" 删除，然后在菜单栏中选择【插入】／【媒体】／【Flash】命令，打开【选择文件】对话框，在对话框中选择要插入的 Flash 动画文件 "images/hssj.swf"，如图 4-42 所示。

【知识链接】

插入 Flash 动画的方法通常有以下 3 种。

图 4-42　插入 Flash 动画

- 在菜单栏中选择【插入】/【媒体】/【Flash】命令。
- 在【插入】/【常用】/【媒体】面板中单击●图标。
- 在【文件】面板选中文件，然后将其拖到文档中。

2. 单击 确定 按钮将 Flash 动画插入到文档中，然后在【属性】面板的【垂直边距】文本框中输入"0"，在【水平边距】文本框中输入"10"，在【对齐】下拉列表中选择"左对齐"，并勾选【循环】和【自动播放】两个复选框，如图 4-43 所示。

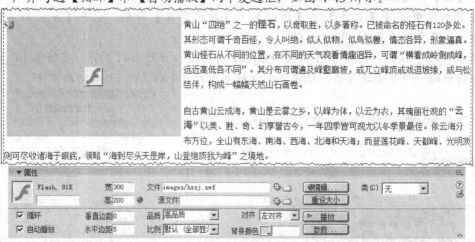

图 4-43　Flash 动画【属性】面板

3. 在【属性】面板中单击 ▷ 播放 按钮，可以在页面中预览 Flash 动画效果，如图 4-44 所示，此时 ▷ 播放 按钮变为 ■ 停止 按钮。

图 4-44　预览 Flash 动画

【知识链接】

下面对 Flash 动画【属性】面板中的相关选项简要说明如下。

- 【Flash】：为所插入的 Flash 文件命名，主要用于脚本程序的引用。
- 【宽】和【高】：用于定义和显示 Flash 动画的尺寸。
- 【文件】：用于指定 Flash 动画文件的路径。
- 【源文件】：用于定义指向 Flash 源文件 ".fla" 的路径。
- 【循环】：如果勾选该复选框，动画将在浏览器端循环播放。
- 【自动播放】：如果勾选该复选框，文档在被浏览器载入时，Flash 动画将自动播放。
- 【垂直边距】和【水平边距】：用于定义 Flash 动画边框与 Flash 动画周围其他内容之间的距离，以"像素"为单位。

- 【品质】: 用于设定 Flash 动画在浏览器中的播放质量。
- 【比例】: 用于设定显示比例。
- 【对齐】: 用于设置 Flash 动画与周围内容的对齐方式。
- 【背景颜色】: 用于设置当前 Flash 动画的背景颜色。
- 【编辑......】: 用于打开 Flash 软件对源文件进行处理,当然要确保在【源文件】文本框中已定义了源文件。
- 【重设大小】: 用于恢复 Flash 动画的原始尺寸。
- 【▷ 播放】: 用于在设计视图中播放 Flash 动画。
- 【参数......】: 用于设置使 Flash 能够顺利运行的附加参数。

如果文档中包含两个以上的 Flash 动画,按下 Ctrl + Alt + Shift + P 组合键,所有的 Flash 动画都将进行播放。

(三) 插入图像查看器

图像查看器就像是在网页中放置一个看图软件,使图像一幅幅地展示出来。图像查看器是一种特殊形式的 Flash 动画,它的使用方法与 Flash 动画略有不同。下面向网页中插入图像查看器。

【操作步骤】

1. 将正文最后面的文本"【图像查看器】"删除,然后在菜单栏中选择【插入】/【媒体】/【图像查看器】命令,打开【保存 Flash 元素】对话框,为新的 Flash 动画命名"chakan.swf"。

2. 单击 保存(S) 按钮,在文档中插入一个 Flash 占位符,在【属性】面板中定义其宽度和高度分别为"300"和"200",如图 4-45 所示。

图 4-45 图像查看器【属性】面板

3. 在文档中用鼠标右键单击 Flash 占位符,在弹出的菜单中选择【编辑标签<object>】命令,打开【标签编辑器 - object】对话框,切换至【替代内容】选项,然后在文本框内找到默认的图像文件路径名,如图 4-46 所示。

图 4-46 【标签编辑器-object】/【替代内容】选项

4. 修改图像文件路径，使其可以显示预先准备好的图像，如图 4-47 所示。

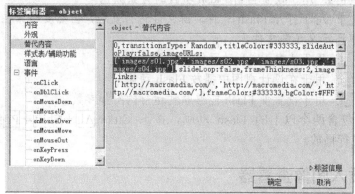

图 4-47　修改图像文件路径

5. 单击 ┌─确定─┐ 按钮，然后在【属性】面板中单击 ┌─▶ 播放─┐ 按钮，预览效果如图 4-48 所示。

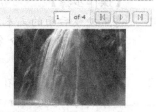

在图像查看器中有播放按钮和导航条，这对于包含大量图像的网站来说，提供了一种非常有效的处理方式，使网页既节省了空间又丰富了功能。

图 4-48　插入图像查看器

（四）　插入 ActiveX 视频

ActiveX 控件是 Microsoft 公司对浏览器能力的扩展，其主要作用是在不发布浏览器新版本的情况下扩展浏览器的能力。如果浏览器载入了一个网页，而这个网页中有浏览器不支持的 ActiveX 软件，浏览器会自动安装所需软件。WMV 和 RM 是网络常见的视频格式，其中，WMV 影片是 Windows 的视频格式，使用的播放器是 Microsoft Media Player。下面向网页中插入 ActiveX 来播放 WMV 视频格式的文件。

【操作步骤】

1. 将图像查看器右侧的文本 "【视频】" 删除，然后在菜单栏中选择【插入】/【媒体】/【ActiveX】命令，系统自动在文档中插入一个 ActiveX 占位符。

2. 在【属性】面板的【ClassID】文本框中添加 "CLSID:22D6f312-b0f6-11d0-94ab-0080c74c7e95"，然后按 Enter 键。

3. 选择【嵌入】选项，然后在【属性】面板中单击 ┌─参数...─┐ 按钮，打开【参数】对话框，根据素材文件 "WMV.txt" 中的提示添加参数，如图 4-49 所示。

图 4-49 添加参数

4. 参数添加完毕后，单击 确定 按钮关闭【参数】对话框，然后在 ActiveX【属性】面板中设置【宽】和【高】，如图 4-50 所示。

图 4-50 设置属性参数

5. 最后保存文件并按 F12 键，预览效果如图 4-51 所示。

图 4-51 WMV 视频播放效果

【知识链接】

在针对 WMV 视频的 ActiveX【属性】面板中，有许多参数没有设置，因此无法正常播放 WMV 格式的视频。这时需要做两项工作：一是添加"ClassID"，二是添加控制播放参数。对于控制播放参数，可以根据需要有选择地添加，如下所示：

```
<!-- 播放完自动回至开始位置 -->
<param name="AutoRewind" value="true">
<!-- 设置视频文件 -->
<param name="FileName" value="images/shipin.wmv">
<!-- 显示控制条 -->
<param name="ShowControls" value="true">
<!-- 显示前进/后退控制 -->
<param name="ShowPositionControls" value="true">
<!-- 显示音频调节 -->
<param name="ShowAudioControls" value="false">
```

```
<!-- 显示播放条 -->
<param name="ShowTracker" value="true">
<!-- 显示播放列表 -->
<param name="ShowDisplay" value="false">
<!-- 显示状态栏 -->
<param name="ShowStatusBar" value="false">
<!-- 显示字幕 -->
<param name="ShowCaptioning" value="false">
<!-- 自动播放 -->
<param name="AutoStart" value="true">
<!-- 视频音量 -->
<param name="Volume" value="0">
<!-- 允许改变显示尺寸 -->
<param name="AllowChangeDisplaySize" value="true">
<!-- 允许显示右键单击菜单 -->
<param name="EnableContextMenu" value="true">
<!-- 禁止双击鼠标切换至全屏方式 -->
<param name="WindowlessVideo" value="false">
```

每个参数都有两种状态："true"或"false"。它们决定当前功能为"真"或"假"，也可以使用"1"或"0"来代替"true"或"false"。

```
<param name="FileName" value="images/shipin.wmv">
```

上句代码中"value"用来设置影片的路径，如果影片在其他的远程服务器上，可以使用其绝对路径，如下所示：

```
value="mms://www.laohu.net/images/shipin.wmv"
```

mms 协议取代 http 协议，专门用来播放流媒体，也可以设置如下：

```
value="http://www.laohu.net/images/shipin.wmv"
```

除了当前的 WMV 视频，此种方式还可以播放 MPG、ASF 等格式的视频，但不能播放 RM、RMVB 格式的视频。播放 RM 格式的视频不能使用 Microsoft Media Player 播放器，必须使用 RealPlayer 播放器。设置方法是：在【属性】面板的【ClassID】选项中选择 "RealPlayer/clsid:CFCDAA03-8BE4-11cf-B84B-0020AFBBCCFA"，选择【嵌入】选项，然后在【属性】面板中单击 参数... 按钮，打开【参数】对话框，根据 "项目素材\RM.txt" 中的提示添加参数，最后设置【宽】和【高】为固定尺寸。

其中，参数代码简要说明如下：

```
<!-- 设置自动播放 -->
<param name="AUTOSTART" value="true">
<!-- 设置视频文件 -->
<param name="SRC" value="shipin.rm">
<!-- 设置视频窗口，控制条，状态条的显示状态 -->
<param name="CONTROLS" value="Imagewindow,ControlPanel,StatusBar">
<!-- 设置循环播放 -->
<param name="LOOP" value="true">
<!-- 设置循环次数 -->
<param name="NUMLOOP" value="2">
<!-- 设置居中 -->
```

```
<param name="CENTER" value="true">
<!-- 设置保持原始尺寸 -->
<param name="MAINTAINASPECT" value="false">
<!-- 设置背景颜色 -->
<param name="BACKGROUNDCOLOR" value="#000000">
```

作为 RM 格式的视频，如果使用绝对路径，格式稍有不同，下面是几种可用的形式：

```
<param name="FileName" value="rtsp://www.laohu.net/shipin.rm">
<param name="FileName" value="http://www.laohu.net/shipin.rm">
src="rtsp://www.laohu.net/shipin.rm"
src="http://www.laohu.net/shipin.rm"
```

在播放 WMV 格式的视频时，可以不设置具体的尺寸，但是对于 RM 格式的视频却不行，必须要设置一个具体的尺寸。当然这个尺寸可能不是影片的原始比例尺寸，可以通过将参数"MAINTAINASPECT"设置为"true"来恢复影片的原始比例尺寸。

项目实训 设置"火焰山"网页

本项目主要介绍了处理图像、制作 Flash 动画以及在网页中插入图像和媒体的基本方法，本实训将让读者进一步巩固所学的基本知识。

要求：把素材文件复制到站点根文件夹下，然后根据操作提示设置图像和 Flash 动画，如图 4-52 所示。

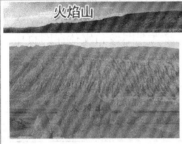

图 4-52 "火焰山"网页

【操作步骤】

1. 使用 Photoshop CS3 打开图像"logo.jpg"，然后在图像上添加文本"火焰山"，字体设置为"黑体"，大小为"36 点"，颜色为黑色，并将文字设置图层样式：描边颜色为白色，有投影效果，最后保存为"logo.psd"，同时保存为 Web 和设备所用格式，名称为"logo2.jpg"。

2. 使用 Flash 8 将图像"hys01.jpg"、"hys02.jpg"、"hys03.jpg"、"hys04.jpg"、"hys05.jpg"制作成 Flash 动画，要求每幅图像的播放时间长度为 30 帧，然后将动画保存为"hys.fla"，并将动画导出，名称为"hys.swf"。

3. 在 Dreamweaver 8 中打开网页文档"shixun.htm"，在【图像 1】处插入图像"images/logo2.jpg"，接着在【图像 2】处插入图像"images/hys.jpg"，其替换文本为"火焰山"，水平边距为"15"，与周围文本的对齐方式为"左对齐"。

4. 在"【Flash 动画】"处插入 Flash 动画"images/hys.swf"，水平边距为"15"，与周围文本的对齐方式为"左对齐"。

5. 最后保存文档。

 项目小结

本项目主要介绍了图像和媒体在网页中的应用和设置方法，概括起来主要有以下几点。
- 使用 Photoshop CS3 处理图像的方法。
- 使用 Flash 8 制作简单 Flash 动画的方法。
- 在网页中插入图像和图像占位符的方法。
- 通过【属性】面板设置图像属性和实现图文混排的方法。
- 插入常用媒体的方法，如 Flash 动画、图像查看器和 ActiveX 视频。

通过对这些内容的学习，希望读者能够掌握图像和媒体在网页中的具体应用及其属性设置的基本方法。

 思考与练习

一、填空题

1. 在 GIF 和 JPG 两种格式图像中，_____格式更适合处理照片一类的图像。
2. 在 Photoshop 中，将文件保存成扩展名为_____的格式可方便以后修改。
3. 可以使用_____临时代替没有的图像，以便于网页的排版和布局。
4. 在 Flash 8 当前动画编辑的窗口中，进行动画内容编辑的整个区域叫做_____。
5. 在 Flash 中，将文件保存成扩展名为_____的格式可方便以后修改。
6. 在网页中经常使用的 Flash 动画文件的扩展名是_____。
7. 两种网络常见的视频格式是_____和 RM。

二、选择题

1. 在网页中使用的最为普遍的图像格式主要是（　　）。
   A. GIF 和 JPG　　B. GIF 和 BMP　　C. BMP 和 JPG　　D. BMP 和 PSD
2. 文件小、支持透明色、下载时具有从模糊到清晰效果的图像格式的是（　　）。
   A. JPG　　　　　B. BMP　　　　　C. GIF　　　　　D. PSD

3. 下列方式中不可直接用来插入图像的是（　　）。

    A. 在菜单栏中选择【插入】/【图像】命令

    B. 在【插入】/【常用】面板的【图像】下拉菜单中单击■按钮

    C. 在【文件】/【文件】面板中选中文件，然后拖到文档中

    D. 在菜单栏中选择【插入】/【图像对象】/【图像占位符】命令

4. 选择【选择图像源文件】对话框【相对于】下拉列表中的【文档】选项，表示【URL】将使用文档相对路径，下列选项中属于文档相对路径的是（　　）。

    A. images/logo.jpg   B. /images/logo.jpg

    C. /logo.jpg   D. /images /images/logo.jpg

5. 通过图像【属性】面板不能完成的任务是（　　）。

    A. 图像的大小   B. 图像的边距

    C. 图像的边框   D. 图像的第 2 幅替换图像

6. 下列方式中不能插入 Flash 动画的是（　　）。

    A. 在菜单栏中选择【插入】/【媒体】/【Flash】命令

    B. 在【插入】/【常用】/【媒体】面板中单击●图标

    C. 在【文件】/【文件】面板中选中文件，然后拖到文档中

    D. 在【插入】/【常用】/【图像】下拉菜单中单击■按钮

三、问答题

1. 就本项目所学知识，简要说明实现图文混排的方法有哪些？

2. 如果要在网页中能够播放 WMV 格式的视频，必须通过【属性】面板做好哪两项工作？

四、操作题

把"课后习题\素材"文件夹下的内容复制到站点根文件夹下，然后根据操作提示在网页中插入图像和 Flash 动画，如图 4-53 所示。

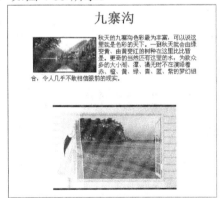

图 4-53　九寨沟网页

【操作提示】

(1) 在正文第 1 段的起始处插入图像"images/jiuzhaigou.jpg"。

(2) 设置图像宽度和高度分别为"150"和"80"，替换文本为"九寨沟"，边距和边框均为"2"，对齐方式为"左对齐"。

(3) 在正文最后插入 Flash 动画"fengjing.swf"。

(4) 设置 Flash 动画的宽度和高度分别为"300"和"200"，在网页加载时自动循环播放。

项目五

超级链接——设置站点导航网页

在互联网中，每个网页之间都似乎维系着一条看不见的线，无论天涯海角都能在刹那间联系起来，这条看不见的线正是"超级链接"功能的体现。本项目以设置站点导航网页为例（见图 5-1），介绍在网页中设置超级链接的方法。在本项目中，将依次展示文本超级链接、锚记超级链接、图像和图像热点超级链接、电子邮件超级链接等链接方式。

图 5-1 导航网页

学习目标

知道超级链接的概念和分类。
学会设置文本和锚记超级链接的方法。
学会设置电子邮件超级链接的方法。
学会设置图像和图像热点超级连接的方法。

【设计思路】

本项目设计的是一个旅游站点导航的网页，在页面布局上符合导航网页的基本特点。在网页右上方设置的是分类导航目录，右下方设置的是图片导航，左方是按照导航分类目录设置的导航的具体内容。页面布局合理，内容分类恰当，颜色选配适宜，是导航网页中一种不错的方案选择。

任务一　设置文本超级链接

用文本做链接载体，这就是通常意义上的文本超级链接，它是最常见的超级链接类型。下面设置网页中的文本超级链接及其链接状态。

【操作步骤】

1. 首先定义一个本地静态站点，然后将素材文件复制到站点根文件夹下。
2. 在【文件】面板的列表框中双击打开网页文件"index.htm"。
3. 选择【修改】/【页面属性】命令，打开【页面属性】对话框，在【外观】分类中设置页面字体为"宋体"大小为"14 像素"，上边距为"5 像素"。在【标题/编码】分类中设置标题为"站点导航"，然后单击 确定 按钮关闭对话框。
4. 选择文本"旅游分类"，在【属性】面板中单击 ☰ 按钮使其居中显示，接着将文本颜色设置为白色，单击 **B** 按钮加粗显示，此时其样式名称为"STYLE1"。然后依次选中网页左侧的栏目标题"旅游名站"、"机车票预订"、"酒店预订"、"旅行社"、"旅游景点"和"天气地图"，并使其居中显示，并在【属性】面板的【样式】下拉列表中依次选择样式名称为"STYLE1"。
5. 将鼠标光标置于网页最底端的"【】"内，然后在菜单栏中选择【插入】/【超级链接】命令，或在【插入】/【常用】面板中单击 按钮，打开【超级链接】对话框。
6. 在【超级链接】对话框的【文本】文本框中输入网页文档中带链接的文本"寻求帮助"。
7. 单击【链接】下拉列表右边的 按钮，打开【选择文件】对话框，通过【查找范围】下拉列表选择要链接的网页文件"help.htm"，在【相对于】下拉列表中选择"文档"选项，如图 5-2 所示。

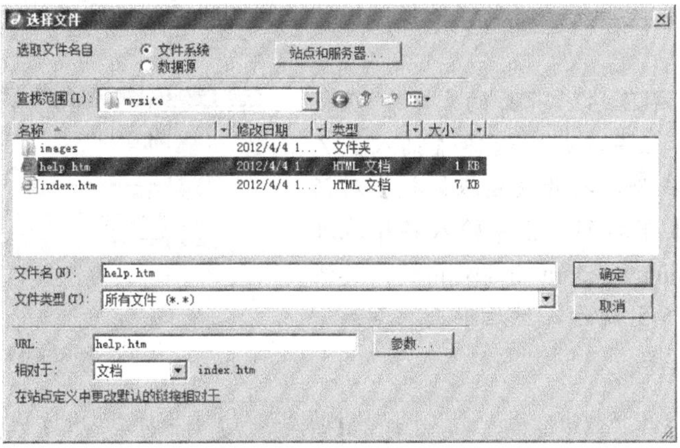

图 5-2　【选择文件】对话框

说明

　　【相对于】下拉列表中有"文档"和"站点根目录"两个选项。

　　选择"文档"选项，将使用文档相对路径来链接，省略与当前文档 URL 相同的部分。文档相对路径的链接标志是以"../"开头或者直接是文档名称、文件夹名称，参照物为当前使用的文档。如果在还没有命名保存的新文档中使用文档相对路径，那么 Dreamweaver 将临时使用一个以"file://"开头的绝对路径。通常，当网页不包含应用程序的静态网页，且文档中不包含多重参照路径时，建议选择文档相对路径。因为这些网页可能在光盘或者不同的计算机中直接被浏览，文档之间需要保持紧密的联系，只有文档相对路径能做到这一点。

　　选择"站点根目录"选项，那么此时将使用站点根目录相对路径来链接，即从站点根文件夹到文档所经过的路径。站点根目录相对路径的链接标志是首字符为"/"，它以站点的根目录为参照物，与当前的文档无关。通常当网页包含应用程序，文档中包含复杂链接及使用多重的路径参照时，需要使用站点根目录相对路径。

8. 单击 确定 按钮返回【超级链接】对话框，在【目标】下拉列表中选择"_blank"选项，在【标题】文本框中输入当鼠标经过链接时的提示信息，如"寻求帮助"。

9. 可以通过【访问键】选项设置链接的快捷键，也就是按下 Alt + 26 个字母键中的其中 1 个，将焦点切换至文本链接；还可以通过【Tab 键索引】选项设置 Tab 键切换顺序，这里均不进行设置，如图 5-3 所示。

10. 单击 确定 按钮，插入"寻求帮助"超级链接，如图 5-4 所示。

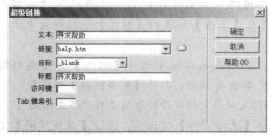

图 5-3　【超级链接】对话框

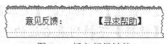

图 5-4　插入超级链接

说明

　　如果链接目标是网站内的某个文件，也可以将【链接】文本框右侧的图标拖曳到【文件】面板中的该文件上，即可建立到该文件的链接。

11. 选择栏目"旅游名站"下面的文本"携程旅行网"，继续在菜单栏中选择【插入】/【超级链接】命令，打开【超级链接】对话框，在【链接】下拉列表框中输入链接地址"http://www.chinawts.com/ index.htm"，其他参数设置如图 5-5 所示，然后单击 确定 按钮插入超级链接。

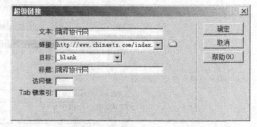

图 5-5　【超级链接】对话框

说明

　　由于已经选中了超级链接文本，在打开【超级链接】对话框后，其【文本】文本框中自动出现了要作为超级链接载体的文本。

12. 选择文本"途牛旅游网"，在【属性】面板的【链接】下拉列表框中输入链接地址"http://www.tuniu.com/"，在【目标】下拉列表中选择"_blank"，如图 5-6 所示。

图 5-6　通过【属性】面板设置超级链接

【目标】下拉列表中共有 4 个选项："_blank"表示打开一个新的浏览器窗口，"_parent"表示回到上一级的浏览器窗口，"_self"表示在当前的浏览器窗口，"_top"表示回到最顶端的浏览器窗口。

13. 选择文本"麦豆旅游网"，在【属性】面板的【链接】下拉列表框中输入"#"，如图 5-7 所示，然后用相同的方法为本栏目的其他文本添加空链接，其他栏目的超级链接不再设置。

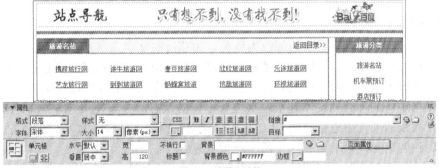

图 5-7　设置空链接

空链接是一个未指派目标的链接，在【属性】面板的【链接】下拉列表框中输入"#"即可。通常，建立空链接的目的是激活页面上的对象或文本，使其可以应用行为。在后面关于行为的项目中，读者将会体会到这一点。

【知识链接】

超级链接是指从一个网页指向一个目标的连接关系，这个目标可以是另一个网页，也可以是相同网页上的不同位置，还可以是一个图像，一个电子邮件地址，一个文件，甚至是一个应用程序。而在一个网页内用来连接的对象，可以是一段文本或者是一个图像。当浏览者单击已经链接的文字或图像后，链接目标将显示在浏览器上，并且根据目标的类型来打开或运行。超级链接在本质上属于网页的一部分，它是一种允许同其他网页或站点进行连接的元素。各个网页通过超级链接相连后，才能构成一个网站。

按照使用对象的不同，网页中的超级链接可以分为文本超级链接、图像超级链接、电子邮件超级链接、锚记超级链接、空链接等。按照链接地址的形式，网页中的超级链接一般又可分为 3 种。第 1 种是绝对 URL 的超级链接，简单地讲就是网络上的一个站点或一个网页的完整路径，如"http://www.163.com/"。第 2 种是相对 URL 的超级链接，如将自己网页上的某一段文本或某标题链接到同一网站的其他网页上去。第 3 种是同一网页的超级链接，这种超级链接又叫锚记超级链接。

14. 在菜单栏中选择【修改】/【页面属性】命令，或在【属性】面板中单击 | 页面属性... | 按钮，打开【页面属性】对话框，切换至【链接】分类来设置超级链接

不同状态下的颜色。

15. 单击【链接颜色】选项右侧的 图标，打开调色板，然后选择一种适合的颜色，也可直接在右侧的文本框中输入颜色代码，如"#0099CC"。

16. 用相同的方法为【已访问链接】、【变换图像链接】和【活动链接】选项设置相应的颜色。

17. 在【下划线样式】下拉列表中选择其中一项，如选择"仅在变换图像时显示下划线"选项，如图5-8所示，设置完成后单击 确定 按钮关闭对话框。

图5-8　设置文本超级链接状态

【知识链接】

在网页中，默认的链接文字的颜色为蓝色，浏览过的文字常常是紫红色，如果想要改变这些颜色，可以通过【页面属性】对话框的【链接】分类对文本超级链接状态进行设置。但通过这种方式设置的文本超级链接状态，将对当前文档中的所有文本超级链接起作用。如果要对同一文档中不同部分的文本超级链接设置不同的状态，应该使用 CSS 样式进行单独定义，这将在后续的项目中进行介绍。【链接】分类对话框中的主要参数功能如下。

- 【链接颜色】：设置链接文字所呈现的颜色。
- 【变换图像链接】：设置当鼠标（或鼠标光标）停留在链接文字上时所要呈现的颜色。
- 【已访问链接】：设置浏览过的链接文字颜色。
- 【活动链接】：设置当鼠标光标单击链接时呈现的颜色。
- 【下划线样式】：设置应用至链接文字的下划线样式。

任务二　设置锚记超级链接

当一个网页有不同分类的内容且页面很长时，给阅读带来不便。要解决这个问题，可以使用锚记超级链接。在使用锚记超级链接后，当单击链接文本时，可以将光标定位到相应的内容处。设置锚记超级链接，首先需要创建命名锚记，然后再链接命名锚记。

【操作步骤】

1. 将鼠标光标置于左侧栏目"旅游名站"文本的后面，在菜单栏中选择【插入】/【命名锚记】命令或在 常用 ▼工具栏中单击 按钮打开【命令锚记】对话框，在【锚记名称】文本框中输入"a"，单击 确定 按钮，在鼠标光标位置插入一个锚记，如图 5-9 所示。

图5-9　添加锚记

2. 按照相同的方法依次为"机车票预订"、"酒店预订"、"旅行社"、"旅游景点"、"天气地图"和"旅游分类",添加命名锚记"b"、"c"、"d"、"e"、"f"、"top"。

3. 选中"旅游分类"下面的文本"旅游名站",然后在【属性】面板的【链接】下拉列表框中输入锚记名称"#a"。

4. 按照相同的方法依次为"机车票预订"、"酒店预订"、"旅行社"、"旅游景点"和"天气地图",创建锚记超级链接,分别指向目标"#b"、"#c"、"#d"、"#e"、"#f"。

5. 依次选中文本"返回目录>>",创建锚记超级链接,均指向目标"top"。

 如果要修改命名锚记名称,首先选取该命名锚记,然后在【属性】面板中修改即可。如果要删除命名锚记,在选取该命名锚记后按 Del 键即可。

【知识链接】

命名锚记就是用户在文档中设置标记,这些标记通常放在文档的特定主题处或顶部,然后创建这些命名锚记的超级链接,这些链接可以快速将浏览者带到指定位置。

命名锚记和指向该命名锚记的超级链接文本可以在同一文档内,也可以位于不同文档内。当位于同一文档内时,在创建指向该命名锚记的超级链接时,在【属性】面板的【链接】下拉列表框中只输入锚记名称即可,如"#a"。当位于同一站点不同文档内时,在创建指向该命名锚记的超级链接时,在【属性】面板的【链接】下拉列表框中要先输入文档的路径,然后再输入锚记名称,如"zixun/dafu.htm#a"。当位于不同站点文档内时,在创建指向该命名锚记的超级链接时,在【属性】面板的【链接】下拉列表框中要先输入文档的完整路径,然后再输入锚记名称,如"http://www.188.com/zixun/dafu.htm#a"。

在文档的源代码中,创建命名锚记的 HTML 标签是:

<a name="a"></a>

创建指向该命名锚记的超级链接 HTML 标签是:

<a href="#a">旅游名站</a>。

任务三 设置电子邮件超级链接

创建电子邮件超级链接与一般的文本链接不同,因为电子邮件链接是将浏览者的本地电子邮件管理软件(如 Outlook Express、Foxmail 等)打开,因此它的添加步骤也与普通链接有所不同。下面设置网页中的电子邮件超级链接。

【操作步骤】

1. 将鼠标光标置于页脚中"意见反馈:"的后面,然后在菜单栏中选择【插入】/【电子邮件】命令或在【插入】/【常用】面板中单击 按钮,打开【电子邮件链接】对话框。

2. 在【文本】文本框中输入在文档中显示的信息,在【E-Mail】文本框中输入电子邮箱的完整地址,这里均输入"fk2012@163.com",如图 5-10 所示。

3. 单击 确定 按钮,一个电子邮件链接就创建好了,如图 5-11 所示。

 "mailto:"、"@"和"."这 3 个元素在电子邮件链接中是必不可少的。有了它们,才能构成一个正确的电子邮件链接。

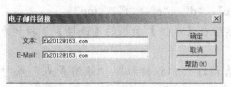

图 5-10 【电子邮件链接】对话框

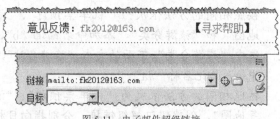

图 5-11 电子邮件超级链接

任务四 设置图像和图像热点超级链接

除了文本有链接的功能之外，图像也能进行超级链接。它能够使网页更美观、更生动。图像超级链接又分为两种情况，一种是一幅图像指向一个目标的链接，另一种是使用图像地图（也称热点）技术在一幅图像中划分出几个不同的区域，分别指向不同目标的链接，当然也可以是一幅图像中的单个区域。在实际应用中，习惯把一幅图像指向一个目标的链接称为图像超级链接，而把通过使用图像热点技术形成的超级链接称为图像热点超级链接。下面开始设置网页中的图像超级链接和图像热点超级链接。

【操作步骤】

1. 在文档右侧，将文本"【五台山】"删除，然后在菜单栏中选择【插入】/【图像】命令，打开【选择图像源文件】对话，选择图像文件"images/wutaishan.jpg"，如图 5-12 所示。

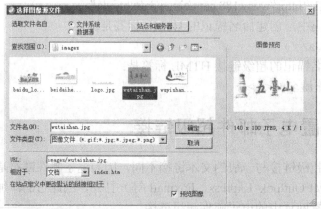

图 5-12 设置图像超级链接

2. 单击 确定 按钮插入图像文件，如图 5-13 所示。

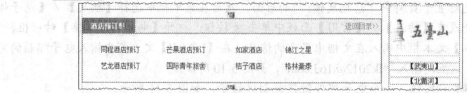

图 5-13 插入图像

3. 在【属性】面板的【替换】文本框中输入"五台山"，在【边框】文本框中输入"0"，在【链接】文本框中输入图像的链接地址"http://www.chinawts.com/index.htm"，在【目标】下拉列表中选择"_blank"，如图 5-14 所示。

图 5-14 设置图像超级链接

4. 运用相同的方法依次将文本"【武夷山】"、"【北戴河】"删除，分别插入图像 "images/wuyishan.jpg"、"images/beidaihe.jpg"，然后设置图像属性，替换文本分别为 "武夷山"、"北戴河"，图像边框均为"0"。接着创建图像超级链接，链接地址分别为 "http://www.wuyishan.gov.cn/"、"http://www.bdh.cn/"，目标窗口打开方式均为 "_blank"，效果如图 5-15 所示。

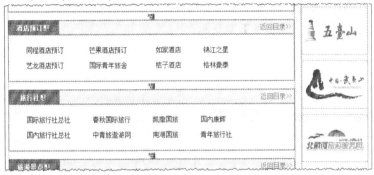

图 5-15 图像超级链接

5. 选择网页顶端的图像"images/logo.jpg"，然后在【属性】面板中单击【地图】下面的 ▢（矩形热点工具）按钮，并将鼠标指针移到图像上，按住鼠标左键绘制一个矩形区 域，如图 5-16 所示。

图 5-16 绘制矩形区域

图像地图的形状共有 3 种形式：矩形、圆形和多边形，分别对应【属性】面板的 ▢、○ 和 ▽ 3 个按钮。

6. 在【属性】面板的【链接】文本框中输入链接地址"http://www.baidu.com"，在【目标】下拉列表中选择"_blank"，在【替换】文本框中输入"百度"，如图 5-17 所示。

图 5-17 设置图像热点的属性参数

7. 最后在菜单栏中选择【文件】/【保存】命令，保存文件。

【知识链接】

要编辑图像地图，可以单击【属性】面板中的 ▶（指针热点工具）按钮。该工具可以对已经创建好的图像地图进行移动、调整大小或层之间的向上、向下、向左、向右移动等操作；还可以将含有地图的图像从一个文档复制到其他文档或者复制图像中的一个或几个地图，然后将其粘贴到其他图像上，这样就将与该图像关联的地图也复制到了新文档中。

选择【插入】/【图像对象】/【鼠标经过图像】命令或【导航条】命令也可以创建超级链接，它们是基于图像的比较特殊的链接形式，属于图像对象的范畴。

鼠标经过图像是指在网页中，当鼠标经过或者单击按钮时，按钮的形状、颜色等属性会随之发生变化，如发光、变形或者出现阴影，使网页变得生动有趣。图 5-18 所示为【插入鼠标经过图像】对话框。

鼠标经过图像有以下两种状态。

- 原始状态：在网页中的正常显示状态。
- 变换图像：当鼠标经过或者单击按钮时显示的变化图像。

导航条是由一组按钮或者图像组成的，这些按钮或者图像链接各分支页面，起到导航的作用。图 5-19 所示为【插入导航条】对话框。

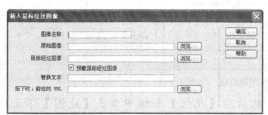

图 5-18 【插入鼠标经过图像】对话框

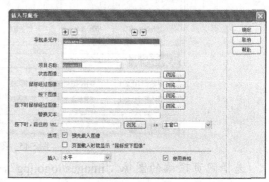

图 5-19 【插入导航条】对话框

导航条通常包括以下 4 种状态，但制作导航条不一定要全部包括 4 种状态，即使只有一般状态图像和鼠标经过图像，也可以创建一个导航条。

- 【状态图像】：用户还未单击按钮或按钮未交互时显现的状态。
- 【鼠标经过图像】：当鼠标光标移动到按钮上时，元素发生变换而显现的状态。例如，按钮可能变亮、变色、变形，从而让用户知道可以与之交互。
- 【按下图像】：按钮被单击后显现的状态。例如，当用户单击按钮时，新页面被载入且导航条仍是显示的，但被单击过的按钮会变暗或者凹陷，以表明此按钮已被按下。
- 【按下时鼠标经过图像】：按钮被单击后，鼠标光标移动到被按下元素上时显现的图像。例如，按钮可能变暗或变灰，可以用这个状态暗示用户：在站点的这个部分该按钮已不能被再次单击。

项目实训 设置"望儿山的传说"网页

本项目主要介绍了在网页中设置超级链接的基本方法，本实训将让读者进一步巩固所学的基本知识。

要求： 把素材文件复制到站点根文件夹下，然后根据操作提示设置网页中的超级链接，如图 5-20 所示。

望儿山的传说

母亲节的由来　母亲节的习俗　母亲节的花语　MOTHER的诠释

在辽宁南部平原上，有一座2000多年，名叫鲅鱼圈熊岳城。在熊岳城东那片碧绿如海的果林中，有一座山，孤峰突起。山顶有一青砖古塔，远远望去，宛如一位慈母，眺望远方，盼儿早早归来。这座山就叫望儿山，它有着一个催人泪下的传说。

相传很久很久以前，熊岳城郊是一片海滩。海边有一户贫苦人家，只有母子二人，相依为命。母亲十分疼爱儿子，一心盼望儿子勤奋读书，将来学业有成。为了供儿子读书，她白天下地耕种，晚上纺纱织布，辛苦劳作。儿子也很听母亲的话，决心苦学成才。母子苦熬了十几年。这年，朝廷举行大考，选拔人才，儿子决定进京赶考。临行前，母亲对儿子说："孩子，你安心去考吧，考上考不上，都要早早回来，别让娘担心啊！"儿子说："娘，放心吧，我一定好好地考，一考完就回来，您就等着我的喜讯吧。"

儿子乘海船赴京赶考去了。母亲昼耕夜织，等待儿子归来。但是，一直没有儿子的音讯。母亲着急了，就天天到海边眺望。南飞的大雁秋天去了，春天又回了。母亲的头发都花白了，却不见儿子的身影。夏天的烈日火辣辣，冬天的寒风呼呼吹，母亲的脸上布满了皱纹，可她每天望见的仍然是烟波浩淼的大海，来去匆匆的船帆。可怜的母亲，一次又一次地对着大海呼唤："孩子呀，回来吧！娘想你，想你呀！"三十多年过去了，年迈的母亲倒下了，化成了一尊石像，也没有盼到儿子归来。原来，他的儿子早在赴京赶考的途中，不幸翻船落海身亡了。上天被伟大的母爱感动了，在母亲伫立盼儿的地方，兀地矗立起一座高山，大地被伟大的母爱感动了，让母亲洒下的泪珠，化作了一股股地下温泉，滋润出无数红艳艳的苹果，乡亲们被伟大的母爱感动了，把那拔地而起的独秀峰叫做"望儿山"，在山顶建了慈母塔，在山下修了慈母馆，好让子孙后代缅怀母亲的平凡而伟大的恩情。

至今，鲅鱼圈人民还保留着敬母爱母的古风。在每年五月"母亲节"这天，都要开展各种敬母爱母活动。不少人还在慈母馆内为自己的母亲立碑铭志，以表达对母亲的崇敬。

母亲节感恩交流：jl@126.com

图 5-20　望儿山的传说网页

【操作步骤】

1. 打开网页文档"shixun.htm"。
2. 设置文本"母亲节的由来"的链接地址为"youlai.htm"，【目标】为"_blank"。
3. 设置文本"母亲节的习俗"的链接地址为"xisu.htm"，【目标】为"_blank"。
4. 设置文本"母亲节的花语"的链接地址为"huayu.htm"，【目标】为"_blank"。
5. 设置文本"MOTHER的诠释"的链接地址为"quanshi.htm"，【目标】为"_blank"。
6. 设置图像"images/wangyoucao.jpg"的链接地址为"images/wangyoucao2.jpg"，【目标】为"_blank"。
7. 在文本"母亲节感恩交流："后面设置电子邮件超级链接，文本和电子邮件地址均为"jl@126.com"。
8. 设置超级链接状态：链接字体同页面字体，加粗显示，链接颜色和已访问链接颜色均为"#006600"，变换图像链接和活动链接颜色均为"#FF0000"，仅在变换图像时显示下画线。

 # 项目小结

本项目主要介绍了在网页中设置超级链接的方法，概括起来主要有以下几点。

- 超级链接的概念和分类。
- 设置文本、图像等普通超级链接的基本方法。
- 创建鼠标经过图像和导航条的基本方法，它们属于图像对象的范畴。

通过对这些内容的学习，希望读者能够掌握在网页中设置超级链接的基本方法。

思考与练习

一、填空题

1. 各个网页通过_____相连后，才能构成一个网站。

2. 空链接是一个未指派目标的链接，在【属性】面板的【链接】下拉列表框中输入_____即可。

3. "mailto:"、"@"和"."这3个元素在_____中是必不可少的。

4. 使用_____技术可以将一幅图像划分为多个区域，并创建相应的超级链接。

5. 使用_____超级链接可以跳转到当前网页中的指定位置。

二、选择题

1. 表示打开一个新的浏览器窗口的是（　　　）。

　　A.【_blank】　　　B.【_parent】　　　　C.【_self】　　　D.【_top】

2. 下列属于绝对 URL 超级链接的是（　　　）。

　　A. http://www.wangjx.com/wjx/index.htm

　　B. wjx/index.htm

　　C. ../wjx/index.htm

　　D. /index.htm

3. 在【链接】下拉列表框中输入（　　　）可创建空链接。

　　A. @　　　　　　B. %　　　　　　　C. #　　　　　　D. &

4. 如果要实现在一张图像上创建多个超级链接，可使用（　　　）技术。

　　A. 图像热点　　　B. 锚记　　　　　C. 电子邮件　　　D. 表单

5. 下列属于锚记超级链接的是（　　　）。

　　A. http://www.yixiang.com/index.asp

　　B. mailto:edunav@163.com

　　C. bbs/index.htm

　　D. http://www.yixiang.com/index.htm#a

6. 要实现从页面的一个位置跳转到同页面的另一个位置，可以使用（　　　）链接。

　　A. 锚记　　　　　B. 电子邮件　　　C. 表单　　　　　D. 外部

7. 下列命令不能够创建超级链接的是（　　　）。

　　A.【插入】/【图像对象】/【鼠标经过图像】命令

　　B.【插入】/【媒体】/【导航条】命令

　　C.【插入】/【超级链接】命令

　　D.【插入】/【电子邮件链接】命令

三、问答题

1. 按照使用对象和链接地址的形式，超级链接分别可分为哪几种？

2. 设置锚记超级链接的基本过程是什么？

四、操作题

把"课后习题\素材"文件夹下的内容复制到站点根文件夹下，然后根据操作提示在网页中设置超级链接，如图 5-21 所示。

图 5-21　古代世界七大奇迹网页

【操作提示】

(1) 在正文"埃及胡夫金字塔"、"奥林匹亚宙斯巨像"、"阿尔忒弥斯神庙"、"摩索拉斯基陵墓"、"亚历山大灯塔"、"巴比伦空中花园"、"罗德岛太阳神巨像"小标题处分别插入锚记名称"a"、"b"、"c"、"d"、"e"、"f"、"g"。

(2) 给标题目录中的"埃及胡夫金字塔"、"奥林匹亚宙斯巨像"、"阿尔忒弥斯神庙"、"摩索拉斯基陵墓"、"亚历山大灯塔"、"巴比伦空中花园"、"罗德岛太阳神巨像" 依次创建锚记超级链接，分别指向对应的锚记位置。

(3) 给埃及胡夫金字塔图像"images/01.jpg"创建图像超级链接，链接目标为"jizita.htm"，目标窗口打开方式为"_blank"。

(4) 给页面底端的文本"关于世界七大奇迹"创建文本超级链接，链接目标为"qiji.htm"，目标窗口打开方式为"_blank"。

(5) 在页面底端文本"意见反馈："的后面添加电子邮件超级链接，文本和电子邮件地址均为"yjfk@126.com"。

(6) 设置超级链接不同状态下的颜色：链接字体同页面字体，但加粗显示，链接颜色和已访问链接颜色均为"#006600"，变换图像链接颜色和活动链接颜色均为"#990000"，仅在变换图像时显示下画线。

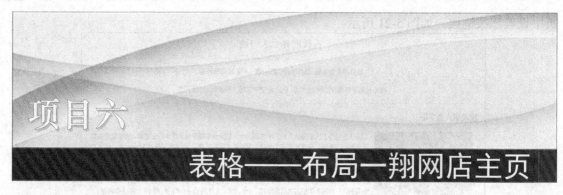

表格——布局一翔网店主页

表格是网页排版的灵魂，是页面布局的重要方法，它可以将网页中的文本、图像等内容有效地组合成符合设计效果的页面。本项目以一翔网店主页为例（见图 6-1），介绍使用表格进行网页布局的基本方法。在项目中，将使用表格分别对页眉、主体和页脚进行布局。

图 6-1 一翔网店主页

学习目标

知道表格的组成和作用。

学会创建和编辑表格的方法。

学会设置表格和单元格属性的方法。

学会使用表格布局网页的方法。

【设计思路】

本项目设计的是以销售手机为主的一翔网店主页，属于电子商务网页的种类，在页面布局和栏目设置上尊重了商务网页的基本要求。在网页制作过程中，网页顶部放置的是网站

logo，标明了网站名称和经营理念，下面是横向栏目导航，主体部分左侧是热销商品推荐和不同品牌的商品分类，右侧是商品宣传广告和主要的推荐商品。可以说，该页面简洁，图文并茂，并注重向浏览者进行商品推荐，是非常不错的。

任务一 使用表格布局页眉

在网页制作中，表格的作用主要体现在两个方面，一个是组织数据，如各种数据表；另一个是布局网页，即把网页的各种元素通过表格进行有序排列。在互联网兴起的相当长的一段时间内，网页主要是使用表格进行布局。表格布局能对不同对象加以处理，不用担心不同对象之间的影响，而且表格在定位图像和文本上也比较方便。表格还有很好的兼容性，可被绝大多数的浏览器所支持，而且使用表格会使页面结构清晰、布局整齐。下面将首先使用表格来布局网页页眉的内容。本项目页眉的内容包括两部分，一部分是站点 logo，另一部分是导航栏，分别使用两个表格进行布局。

【操作步骤】

1. 首先定义一个本地静态站点，然后将素材文件复制到站点根文件夹下。
2. 新建一个网页文档，并保存为 "index.htm"。
3. 选择【修改】/【页面属性】命令，打开【页面属性】对话框。在【外观】分类中设置页面字体为 "宋体"，大小为 "14 像素"，边距均为 "2 像素"；在【标题/编码】分类中设置标题为 "电子商务网页"；然后单击 确定 按钮关闭对话框。
4. 将鼠标光标置于页面中，然后在菜单栏中选择【插入】/【表格】命令，或在【插入】/【常用】面板中单击 (表格)按钮，打开【表格】对话框，参数设置如图 6-2 所示。

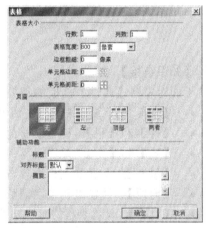

图 6-2 【表格】对话框

 在使用表格进行页面布局时，通常把边框粗细设置为 "0"，这样在浏览器中显示时就看不到表格边框了。但在 Dreamweaver 文档窗口中，边框线可以显示为虚线框，以利于页面内容的布局。

【知识链接】

关于【表格】对话框的相关参数说明如下。

- 【行数】和【列数】：设置要插入表格的行数和列数。
- 【表格宽度】：用于设置表格的宽度（width），以 "像素" 或 "%" 为单位。以 "像素" 为单位设置表格的宽度，表格的绝对宽度将保持不变。以 "%" 为单位设置表格的宽度，表格的宽度将随浏览器的显示宽度变化而变化。
- 【边框粗细】：用于设置表格和单元格边框的宽度（border），以 "像素" 为单位。
- 【单元格边距】：用于设置单元格内容与边框的距离（cellpadding），也称填充，以 "像素" 为单位。

- 【单元格间距】：用于设置单元格与单元格之间的距离（cellspacing），以"像素"为单位。

- 【页眉】：其中【无】表示对表格不使用列或行标题，【左】表示将表格的第1列作为标题单元格，【顶部】表示将表格的第1行作为标题单元格，【两者】表示将表格的第1行和第1列均作为标题单元格。在用表格组织数据时，可使用该选项，在用表格进行网页布局时不使用该选项。

- 【标题】：用于设置表格标题（caption），使用表格组织数据时会用到该选项。

- 【对齐标题】：用于设置表格标题相对于表格的显示位置，通常包括表格顶部左侧（align）、表格顶部中间（top）、表格顶部右侧（right）和表格底部中间（bottom）4个位置。

- 【摘要】：用于设置表格的附加说明文字（summary），不会显示在浏览器中。

5. 单击 确定 按钮插入表格，然后在表格【属性】面板的【对齐】下拉列表中选择"居中对齐"选项，如图6-3所示。

图6-3　表格【属性】面板

【知识链接】

下面对表格【属性】面板的相关参数说明如下。

- 【表格Id】：设置表格唯一的ID名称，在创建表格高级CSS样式时经常用到。

- 【行】和【列】：设置表格的行数和列数。

- 【宽】和【高】：设置表格的宽度和高度，以"像素"或"%"为单位。

- 【填充】：设置单元格内容与单元格边框的距离，也就是单元格边距。

- 【间距】：设置单元格之间的距离，也就是单元格间距。

- 【对齐】：设置表格的对齐方式，如"左对齐"、"右对齐"、"居中对齐"等。

- 【边框】：设置表格边框的宽度。如果设置为"0"，就是没有边框，但可以在编辑状态下选择【查看】/【可视化助理】/【表格边框】命令，显示表格的虚线框。

- 和 按钮：清除行高和列宽。

- 和 按钮：根据当前值，把列宽转换为像素值和百分比。

- 和 按钮：根据当前值，把行高转换为像素值和百分比。

- 【背景颜色】：设置表格的背景颜色。可以单击 按钮，在弹出的拾色器中选择需要的颜色，也可以直接在右侧的文本框中输入颜色的值。

- 【边框颜色】：设置表格的格线颜色。

- 【背景图像】：设置表格的背景图像。

- 【类】：设置表格所使用的CSS样式。

6. 将鼠标光标置于表格单元格内，然后选择【插入】/【图像】命令，在单元格内插入图像"images/logo.jpg"，在图像【属性】面板中将图像的替换文本设置为"logo"，如图6-4所示。

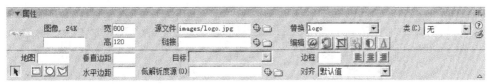

图6-4 插入图像

7. 将鼠标光标置于表格底部的边框上，当光标呈 ⇌ 形状时单击鼠标左键选中表格，如图 6-5 所示。

图6-5 选中表格

【知识链接】

在设置表格属性时要先选中表格才能设置，在表格后面继续插入表格时也需要先选中前面的表格，当然也可以将光标置于前面表格的后面再插入表格。选择表格的方法如下。

- 单击表格左上角或者单击表格中任何一个单元格的边框线。
- 将鼠标光标移至欲选择的表格内，单击文档窗口左下角对应的"＜table＞"标签。
- 将鼠标光标置于表格的边框上，当光标呈 ⇌ 形状时单击鼠标左键。
- 将鼠标光标置于表格内，在菜单栏中选择【修改】/【表格】/【选择表格】命令或在鼠标右键快捷菜单中选择【表格】/【选择表格】命令。

8. 接着在【插入】/【常用】面板中单击 ▦（表格）按钮，打开【表格】对话框，参数设置如图 6-6 所示。

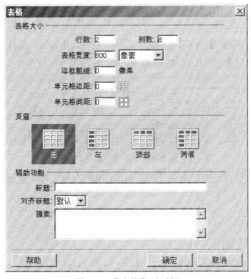

图6-6 【表格】对话框

9. 单击 确定 按钮插入一个 2 行 8 列宽为 800 像素的表格，然后在表格【属性】面板的【对齐】下拉列表中选择"居中对齐"选项，如图 6-7 所示。

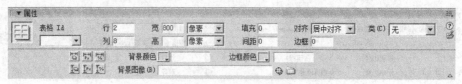

图 6-7　插入表格

10. 用鼠标左键在第 1 行任意单元格内单击，然后将鼠标光标置于该行行首，当鼠标光标变成黑色箭头时，单击鼠标左键选中该行，如图 6-8 所示。

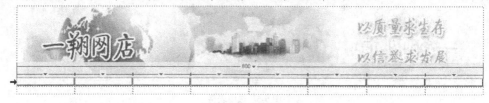

图 6-8　选择行

【知识链接】

选择表格行、列的方法如下。

- 当鼠标光标位于欲选择行首或者列顶时，鼠标光标变成黑色箭头，这时单击鼠标左键便可选择行或者列。
- 按住鼠标左键从左至右或者从上至下拖曳，将欲选择的行或列选中。
- 将鼠标光标移到欲选择的行中，然后单击文档窗口左下角的 "<tr>" 标签，这种方法只能用来选中行，而不能用来选中列。

选择表格不相邻的行、列的方法如下。

- 按住 Ctrl 键，将鼠标光标置于欲选择的行首或者列顶，当鼠标光标变成黑色箭头时，依次单击鼠标左键。
- 按住 Ctrl 键，在已选择的连续行或列中单击想取消的行或列将其去除。

11. 在【属性】面板的【水平】和【垂直】下拉列表中分别选择 "居中对齐" 和 "底部" 选项，在【宽】和【高】文本框中分别输入 "100" 和 "30"，如图 6-9 所示。

图 6-9　设置单元格属性

12. 将鼠标光标置于第 2 个单元格内，按住 Shift 键不放，单击该行第 6 个单元格来连续选中第 2～6 个单元格。

【知识链接】

选择相邻单元格的方法如下。

- 在开始的单元格中按住鼠标左键并拖曳到最后的单元格。
- 将鼠标光标置于开始的单元格内，按住 Shift 键不放，单击最后的单元格。

选择不相邻的单元格的方法如下。

- 按住 Ctrl 键，单击欲选择的单元格。
- 在已选择的连续单元格中按住 Ctrl 键，单击想取消选择的单元格将其去除。

选择单个单元格的方法如下。

- 先将鼠标光标置于单元格内，按住 Ctrl 键，并单击单元格。
- 将鼠标光标置于单元格内，然后单击文档窗口左下角的 "<td>" 标签。

13. 在【属性】面板中单击【背景】文本框后面的 ▭ 按钮，打开【选择图像源文件】对话框，选择图像文件 "images/navbg.jpg"，单击 确定 按钮将图像设置为单元格背景，如图 6-10 所示。

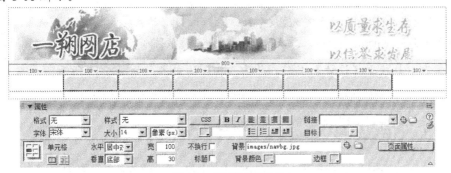

图 6-10　设置单元格背景

【知识链接】

下面对单元格【属性】面板的相关参数说明如下。

- ▭ 和 ▯：▭ 用来合并选中的单元格，▯ 用来将 1 个单元格拆分成几个单元格。
- 【水平】：设置单元格内容在水平方向上的对齐方式。
- 【垂直】：设置单元格内容在垂直方向上的对齐方式。
- 【宽】和【高】：设置单元格的宽度和高度，以"像素"为单位。
- 【不换行】：勾选此复选框，单元格中的内容将不换行，单元格会被内容撑开。
- 【标题】：勾选此复选框，所选择的单元格将会成为标题单元格。
- 【背景】：设置单元格的背景图像。
- 【背景颜色】：设置单元格的背景颜色。
- 【边框】：设置单元格边框的颜色。

14. 选中第 2 行的所有单元格，然后在【属性】面板中单击 ▭ 按钮对单元格进行合并。

【知识链接】

合并单元格是针对多个单元格而言的，而且这些单元格必须是连续的一个矩形。合并单元格首先需要先选中这些单元格，然后执行合并操作。合并单元格的方法有以下几种。

- 单击【属性】面板中的 ▭（合并单元格）按钮。
- 在菜单栏中选择【修改】/【表格】/【合并单元格】命令。
- 在鼠标右键快捷菜单中选择【表格】/【合并单元格】命令。

15. 接着在【属性】面板中将单元格高度设置为 "6"，背景颜色设置为 "#e4d9d9"，如图 6-11 所示。

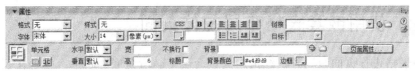

图 6-11　设置单元格属性

16. 将编辑窗口切换至【代码】视图，然后删除合并后单元格源代码中的不换行空格符
" "，如图 6-12 所示。

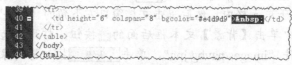

图 6-12　删除不换行空格符

在设置行或列单元格高度或宽度为较小数值时，为了达到实际效果，必须将源代码中的不换行空格符 " " 删除，这也是使用表格制作细线效果的一种技巧。

17. 将编辑窗口切换至【设计】视图，并输入相应的文本，如图 6-13 所示。

图 6-13　网页页眉

【知识链接】

一个完整的表格包括行、列、单元格、单元格间距、单元格边距（填充）、表格边框和单元格边框。表格边框可以设置粗细、颜色等属性，单元格边框粗细不可设置。另外，表格的 HTML 标签是 "<table>"，行的 HTML 标签是 "<tr>"，单元格的 HTML 标签是 "<td>"。

一个包括 n 列表格的宽度可用如下公式计算。

宽度＝2×表格边框＋（n＋1）×单元格间距＋2n×单元格边距＋n×单元格宽度＋2n×单元格边框宽度（1 个像素）

掌握这个公式是非常有用的，在运用表格布局时，精确地定位网页就是通过设置单元格的宽度或者高度来实现的。

用表格布局网页是表格一个非常重要的功能，但在生活中表格最直接的功能应该是组织数据，如工资表、成绩单等。图 6-14 所示为一个成绩单，该表格边框粗细为 "1"，边距和间距均为 "2"，第 1 行和第 1 列为页眉，单元格宽度均为 "60"，单元格对齐方式为 "居中对齐"。

成绩单				
姓名	语文	数学	英语	总分
宋馨华	95	90	100	285
宋立倩	90	95	95	280
宋昱青	90	98	95	283
宋昱涛	98	96	98	292

图 6-14　成绩单

任务二　使用嵌套表格布局主体页面

在使用表格进行页面布局时，经常用到嵌套表格。所谓嵌套表格，就是在表格的单元格中再插入表格。下面将使用嵌套表格来布局网页主体部分的内容。网页主体部分分为左右两

栏，中间有一条竖线隔开，在其左右两侧的单元格中分别插入了嵌套表格对内容进行布局。

（一）　设置主体页面布局

下面使用表格对主体页面结构进行布局。

【操作步骤】

1. 将鼠标光标置于页眉导航栏表格的后面，然后选择【插入】/【表格】命令，在导航栏表格的下面插入一个 1 行 3 列的表格，表格属性设置如图 6-15 所示。

图 6-15　表格属性设置

2. 将鼠标光标置于左侧单元格内，设置单元格的水平、垂直对齐方式和单元格宽度，如图 6-16 所示。

图 6-16　表格属性设置

3. 将鼠标光标置于中间单元格内，设置单元格宽度为 "2"，背景颜色为 "#e4d9d9"，如图 6-17 所示，并将单元格源代码中的不换行空格符 " " 删除。

图 6-17　表格属性设置

4. 将鼠标光标置于右侧单元格内，设置单元格的水平、垂直对齐方式，如图 6-18 所示。

图 6-18　表格属性设置

【知识链接】

使用表格布局页面，经常要用到嵌套表格。本任务已经将页面主体部分的最外层表格设置完毕，下面的任务就是在左侧单元格和右侧单元格中再使用嵌套表格组织内容。在使用嵌套表格时，嵌套的层数最好不要超过 3 层。如果网页内容较多，建议在主体部分不要仅使用一个最外层表格来组织内容，可以使用多个最外层表格在纵向上并列布局内容。这样既方便设置各个表格的布局特点，又可以不影响网页的下载速度。通常，浏览器只有在下载完一个表格内的所有内容后才能显示，所以在纵向上使用多个表格组织内容要比使用一个表格组织内容好得多。图 6-19 左图使用 3 个表格，在结构上可以灵活设置，内容下载也快，而图 6-20

右图使用一个表格，在结构上不方便灵活设置，而且会影响下载速度。

　　表格作为传统的网页布局技术，虽然已被目前新兴的 Div+CSS 技术所取代，但学好表格布局是学好 Div+CSS 的基础，希望读者能够认真对待。

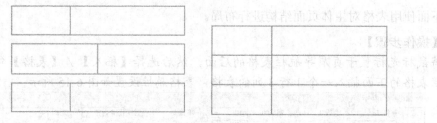

图 6-19　表格布局

（二）　设置左侧页面布局

下面使用嵌套表格对主体页面左侧栏目的内容进行布局。

【操作步骤】

1. 将鼠标光标置于主体页面左侧单元格内，然后单击【插入】/【常用】面板中的 按钮，在单元格内插入一个 3 行 2 列的嵌套表格，表格属性设置如图 6-20 所示。

图 6-20　表格参数设置

2. 将第 1 行单元格进行合并，然后插入图像 "images/ad.jpg"。

3. 将第 2 行单元格进行合并，然后设置单元格水平对齐方式为 "居中对齐"，高度为 "30"，背景颜色为 "#e4d9d9"，如图 6-21 所示。

图 6-21　设置单元格属性

4. 在单元格中输入文本 "商品分类"，并进行加粗显示，如图 6-22 所示。

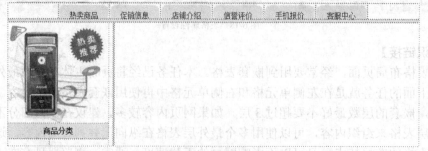

图 6-22　输入文本

5. 将鼠标光标置于第 3 行左侧单元格内，在【属性】面板中将其宽度设置为 "115"，然后将鼠标光标置于右侧单元格内，在【属性】面板中将其宽度设置为 "85"。

6. 将鼠标光标置于左侧单元格内，然后在菜单栏中选择【修改】/【表格】/【插入行
   或列】命令，打开【插入行或列】对话框，参数设置如图 6-23 所示。

7. 单击 确定 按钮，在表格第 3 行下面再插入 7 行，如图 6-24 所示。

图 6-23　【插入行或列】对话框

图 6-24　插入行

8. 在"商品分类"下面第 1 行左侧单元格中插入图像
   "images/nokia.gif"，在右侧单元格中输入文本"诺基亚"。

9. 运用同样的方法设置在下面几行左侧单元格中依次插入图像
   "images/sony.gif"、"images/samsung.gif"、"images/dopod.gif"、
   "images/japan.gif"、"images/LG.jpg"、"images/iphone.jpg"，
   并输入相应的文本，如图 6-25 所示。

图 6-25　插入图像并输入文本

【知识链接】

在表格中插入行或列的方法如下。

- 在菜单栏中选择【修改】/【表格】/【插入行】或【插
  入列】命令，或者在鼠标右键快捷菜单中选择【表格】/
  【插入行】或【插入列】命令，将在鼠标光标所在行的上
  面插入 1 行或在列的左侧插入 1 列。

- 在菜单栏中选择【修改】/【表格】/【插入行或列】命令，或者在鼠标右键
  快捷菜单中选择【表格】/【插入行或列】命令，可以通过【插入行或列】对
  话框设置是插入行还是列及其行数和位置。

- 在菜单栏中选择【插入】/【表格对象】/【在上面插入行】、【在下面插入
  行】、【在左边插入列】、【在右边插入列】命令插入行或列。

　　如果要删除行或列，可以先将鼠标光标置于要删除的行或列中，或者将要删除的行或列
选中，然后在菜单栏中选择【修改】/【表格】/【删除行】或【删除列】命令。最简捷的
方法就是选定要删除的行或列，然后按下 Delete 键将选定的行或列删除；也可使用鼠标右
键快捷菜单进行以上操作。

（三）　设置右侧页面布局

下面使用嵌套表格对主体页面右侧栏目的内容进行布局。

【操作步骤】

1. 将鼠标光标置于主体页面右侧单元格内，然后在菜单栏中选择【插入】/【表格】命
   令，在右侧单元格中插入一个 1 行 1 列的嵌套表格，如图 6-26 所示。

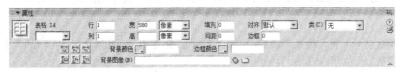

图 6-26　插入嵌套表格

2. 在【属性】面板中设置单元格的水平对齐方式为"居中对齐"，然后插入图像"images/banner.jpg"，如图6-27所示。

图6-27　插入图像

3. 在上面表格的后面继续插入一个5行5列的表格，如图6-28所示。

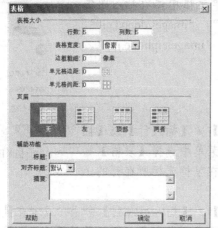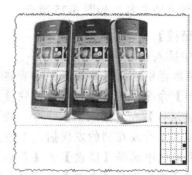

图6-28　插入表格

　如果没有设置表格宽度，插入的表格列宽将以默认大小显示，当输入内容时表格将自动伸展。插入表格后，可以定义每行单元格的宽度、边距、间距等，这样也就等于定义了表格的宽度。

4. 将鼠标光标置于表格第1行单元格内，然后用鼠标左键单击标签选择器中的"<tr>"标签来选择该行，如图6-29所示。

图6-29　选择行

　由于这是一个两层的嵌套表格，因此应该单击第2个"<table>"中的"<tr>"标签而不是第1个"<table>"中的"<tr>"标签。

5. 在【属性】面板中设置单元格的水平对齐方式为"居中对齐"，单元格宽度为"115"，背景颜色为"#e4d9d9"，如图6-30所示。

图6-30　设置单元格宽度

6. 将鼠标光标置于表格第1行第1个单元格内，然后设置单元格高度为"30"，并输入文本"商品推荐"，设置加粗显示，如图6-31所示。

图6-31　设置单元格高度和文本样式

> 设置了表格中任意一个单元格的宽度和高度后，和其在同一列的单元格的宽度、同一行的单元格的高度不必再单独设置。

7. 选择第2行至第5行的所有单元格，然后在【属性】面板中设置单元格的水平对齐方式为"居中对齐"。

8. 在第2行的5个单元格中依次插入图像"images/01.jpg"、"images/02.jpg"、"images/03.jpg"、"images/04.jpg"、"images/05.jpg"。

9. 在第4行的5个单元格中依次插入图像"images/06.jpg"、"images/07.jpg"、"images/08.jpg"、"images/09.jpg"、"images/10.jpg"。

10. 将第3行和第5行的第1个单元格的高度均设置为"50"，然后依次输入相应的文本，如图6-32所示。

图6-32　输入文本

【知识链接】

在使用表格布局页面时，如果要删除表格多余的行或列，可以先将鼠标光标置于要删除的行或列中，或者将要删除的行或列选中，然后在菜单栏中选择【修改】/【表格】/【删除行】或【删除列】命令，或在鼠标右键快捷菜单选择【表格】/【删除行】或【删除列】命令即可。其实，最简便的方法是选定要删除的行或列，然后按下 Delete 键将选定的行或列删除。

在使用表格的过程中，经常会遇到拆分单元格的情况。拆分单元格是针对单个单元格而言的，可看成是合并单元格的逆向操作。拆分单元格首先需要将鼠标光标置于该单元格内，然后执行以下任意一项操作。

- 单击【属性】面板中的 _[工_]（拆分单元格）按钮。
- 在菜单栏中选择【修改】／【表格】／【拆分单元格】命令。
- 在鼠标右键快捷菜单中选择【表格】／【拆分单元格】命令。

无论使用哪种方法拆分单元格，最终都将弹出【拆分单元格】对话框，如图 6-33 所示。在【拆分单元格】对话框中，【把单元格拆分】选项后面有【行】和【列】两个选项，这表明可以将单元格纵向拆分或者横向拆分。

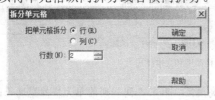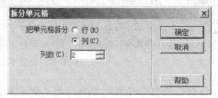

图 6-33 【拆分单元格】对话框

任务三 使用表格布局页脚

每个网页都有页脚信息，下面使用表格来布局页脚的内容。

【操作步骤】

1. 将鼠标光标置于网页主体部分最外层表格的后面，然后选择【插入】／【表格】命令插入一个 3 行 1 列的表格，表格属性设置如图 6-34 所示。

图 6-34 表格属性设置

2. 将第 1 行单元格的高宽设置为 "6"，背景颜色设置为 "#e4d9d9"，然后删除该单元格源代码中的不换行空格符 " "。

3. 同时选中第 2 行和第 3 行，在【属性】面板中设置单元格的水平对齐方式为 "居中对齐"，高度为 "30"，然后输入相应的文本，如图 6-35 所示。

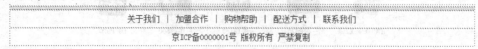

图 6-35 输入文本

4. 最后保存文档。

【知识链接】

在 Dreamweaver 8 表格相关功能中，还可以根据表格列中的数据来进行排序，主要是针对具有数据的表格。首先选中表格，如图 6-36 所示，然后在菜单栏中选择【命令】／【排序表格】命令，打开【排序表格】对话框，进行参数设置即可。

图 6-36　【排序表格】对话框

完成排序操作后，如图 6-37 所示。

在 Dreamweaver 中，还可以将一些具有制表符、逗号、句号、分号或其他分隔符的已经格式化的表格数据导入到网页文档中，也可以将网页中的表格导出为文本文件保存，这对于需要在网页中放置大量格式化数据的情况提供了更加快捷、方便的方法。

在菜单栏中选择【文件】/【导入】/【Excel 文档】命令或【表格式数据】命令导入表格，选择【文件】/【导出】/【表格】命令导出表格。读者可通过具体操作熟悉它，在此不再详述。

图 6-37　表格排序

项目实训　布局"电脑商城"网页

本项目主要介绍了使用表格布局网页的基本方法，本实训将让读者进一步巩固所学的基本知识。

要求：把素材文件复制到站点根文件夹下，然后根据操作提示使用表格布局如图 6-38 所示的网页。

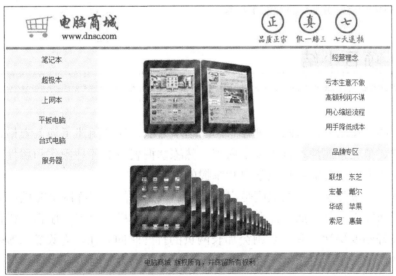

图 6-38　布局"电脑商城"页面

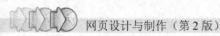

【操作步骤】

1. 新建一个网页文档，并保存为"shixun.htm"。

2. 设置页面默认字体为"宋体"，大小为"14像素"，页边距均为"5像素"，浏览器标题为"电脑商城"。

3. 页眉表格为1行1列，宽度为"800像素"，边距、间距、边框均为"0"，表格对齐方式为"居中对齐"，单元格垂直对齐方式为"顶端"，高度为"85"，背景颜色为"#3399FF"，然后在单元格中插入图片"images/logo.jpg"。

4. 设置主体部分外层表格为1行3列，宽度为"800像素"，边距、间距和边框均为"0"，表格对齐方式为"居中对齐"。第1个单元格的宽度为"200像素"，水平对齐方式为"左对齐"，垂直对齐方式为"顶端"；第2个单元格水平对齐方式为"居中对齐"，垂直对齐方式为"顶端"；第3个单元格的宽度为"200像素"，水平对齐方式为"右对齐"，垂直对齐方式为"顶端"。

5. 在左侧单元格中插入一个6行1列的嵌套表格，表格宽度为"95%"，边距和间距均为"2"，边框为"0"。然后设置单元格水平对齐方式均为"居中对齐"，高度为"35"，背景颜色为"#DFFFFF"，并输入相应的文本。

6. 在中间单元格中插入一个2行1列的嵌套表格，表格宽度为"100%"，边距和边框均为"0"，间距为"5"。设置单元格水平对齐方式均为"居中对齐"，在两个单元格中分别插入图像文件"images/ipad01.jpg"、"images/ipad02.jpg"。

7. 在右侧单元格中插入一个4行1列的嵌套表格，表格宽度为"95%"，边距和间距均为"2"，边框为"0"。然后设置单元格水平对齐方式均为"居中对齐"。接着设置第1行和第3行单元格高度均为"30"，背景颜色均为"#DFFFFF"；第2行和第4行单元格高度均为"150"，并输入相应的文本。

8. 设置页脚表格为1行1列，宽度为"800像素"，高度为"40像素"，间距、边距和边框均为"0"，对齐方式为"居中对齐"，单元格的水平对齐方式为"居中对齐"，背景颜色为"#3399FF"，并输入相应的文本。

 项目小结

本项目介绍了使用表格对网页进行布局的基本方法，详细阐述了插入表格、编辑表格、表格属性设置、单元格属性设置等基本内容。熟练掌握表格的各种操作和属性设置会给网页制作带来极大的方便，是需要重点学习和掌握的内容之一。

在本项目中，最外层表格的宽度是用"像素"来定制的，这样网页文档不会随着浏览器分辨率的改变而发生变化。插入嵌套表格可以区分不同的栏目内容，使各个栏目相互独立，但嵌套表格最好不要层次太多，否则会加长网页的打开时间。在没有设置CSS样式的情况下，在一个文档中表格不能在水平方向并排，而只能在垂直方向按顺序排列。

思考与练习

一、填空题

1. 单击文档窗口左下角的_____标签可以选择表格。

2. 单击文档窗口左下角的_____标签可以选择行。

3. 单击文档窗口左下角的_____标签可以选择单元格。

4. 一个包括 n 列表格的宽度＝2×_____＋（n＋1）×单元格间距＋2n×单元格边距＋n×单元格宽度+2n×单元格边框宽度（1 个像素）。

5. 设置表格的宽度可以使用两种单位，分别是"像素"和"_____"。

6. 将鼠标光标置于开始的单元格内，按住_____键不放，单击最后的单元格可以选择连续的单元格。

7. 选择不相邻的行、列或单元格的方法有，按住_____键，单击欲选择的行、列或单元格。

8. 如果要删除行或列，最简捷的方法就是选定要删除的行或列，然后按下_____键将选定的行或列删除。

二、选择题

1. 下列操作不能实现拆分单元格的是（　　）。

　　A. 在菜单栏中选择【修改】/【表格】/【拆分单元格】命令

　　B. 单击鼠标右键，在弹出的快捷菜中选择【表格】/【拆分单元格】命令

　　C. 单击单元格【属性】面板左下方的 北按钮

　　D. 单击单元格【属性】面板左下方的 口按钮

2. 一个 3 列的表格，表格边框宽度是"2 像素"，单元格间距是"5 像素"，单元格边距是"3 像素"，单元格宽度是"30 像素"，那么该表格的宽度是（　　）像素。

　　A. 138　　　　　　B. 148　　　　　　C. 158　　　　　　D. 168

3. 选择相邻单元格的方法是，将鼠标光标置于开始的单元格内，按住（　　）键不放，单击最后的单元格。

　　A. Ctrl　　　　　　B. Alt　　　　　　C. Shift　　　　　　D. Tab

4. 选择单个单元格的方法是，先将鼠标光标置于单元格内，按住（　　）键，并单击单元格。

　　A. Ctrl　　　　　　B. Alt　　　　　　C. Shift　　　　　　D. Tab

5. 下列关于表格的说法错误的是（　　）。

　　A. 表格可以设置背景颜色

　　B. 表格可以设置背景图像

　　C. 表格可以设置边框颜色

　　D. 表格可以设置单元格边框粗细

三、问答题

1. 选择表格的方法有哪些？

2. 如何进行单元格的合并？

四、操作题

根据操作提示制作如图 6-39 所示的日历表。

公元2012年8月						
日	一	二	三	四	五	六
			1 建军节	2 十五	3 十六	4 十七
5 十八	6 十九	7 立秋	8 廿一	9 廿二	10 廿三	11 初四
12 廿五	13 廿六	14 廿七	15 廿八	16 廿九	17 八月	18 初二
19 初三	20 初四	21 初五	22 初六	23 处暑	24 初八	25 初九
26 初十	27 十一	28 十二	29 十三	30 十四	31 十五	

图 6-39 日历表

【操作提示】

(1) 设置页面字体为"宋体"，大小为"14 px"。

(2) 插入一个 7 行 7 列的表格，宽度为"350 像素"，间距和边框均为"0"，标题行格式为"无"。

(3) 对第 1 行所有单元格进行合并，然后设置单元格水平对齐方式为"居中对齐"，垂直对齐方式为"居中"，高度为"30"，背景颜色为"#99CCCC"，并输入文本"公元 2012 年 8 月"。

(4) 设置第 2 行所有单元格的水平对齐方式为"居中对齐"，宽度为"50"，高度为"25"，并在单元格中输入文本"日"～"六"。

(5) 设置第 3 行至第 7 行所有单元格水平对齐方式为"居中对齐"，垂直对齐方式为"居中"，高度为"40"。

(6) 在第 3 行第 4 个单元格中输入"1"，然后按 Shift+Enter 组合键换行，接着输入相应文本，按照同样的方法依次在其他单元格中输入文本。

项目七

Div+CSS——布局宝贝画展网页

传统的网页布局技术基本上是以表格为主，但现在 Div+CSS 布局技术逐步被广泛使用。本项目以图 7-1 所示的宝贝画展网页为例，介绍使用 Div+CSS 布局网页的基本方法。在项目中，将整个页面分为页眉、主体和页脚 3 个部分，分别使用 Div 标签"head"、"main"和"foot"并结合 CSS 样式进行布局。

图 7-1　宝贝画展网页

知道 Div+CSS 的含义。
学会插入 Div 标签的方法。
学会创建和设置 CSS 样式的方法。
学会使用 Div+CSS 布局网页的方法。

【设计思路】

本项目设计的宝贝画展网页非常具有童趣，符合儿童这个年龄段孩子的特点。在网页制作过程中，网页顶部放置的是网站 logo，标明了网站名称和作品理念，下面是作品导航，主体部分左侧是宝贝简介，右侧是作品展示和作品说明。可以说，页面布局合理简洁，且图文并茂，并注重读者对象，是值得学习的。

任务一　制作页眉

Div+CSS 布局技术涉及网页两个重要的组成部分：结构和表现。在一个网页中，内容可以包含很多，如标题、正文、图像等，通过 Div 可以将这些内容元素放置到各个 Div 中，构成网页的"结构"；然后再运用 CSS 样式设置 Div 中的文字、图像、列表等元素的"表现"效果，这样就实现了网页内容与表现形式的分离，也使得网页运行效率更高，更加容易维护。但使用 Div+CSS 布局也会带来一些缺陷，其中最重要的一项就是浏览器的兼容性问题。在 W3C 标准推出后，虽然各厂商纷纷表示会遵从这些新的标准，但实际上却还是存在着一些问题，造成了网站在不同的浏览器下有着不同的显示效果。但是，目前的浏览器在下一代的研发中会逐渐解决这一问题，共同实现对 Web 新标准的统一支持。

表格和 Div+CSS 这两种网页布局技术都有各自的优势和缺陷，因此，在实际应用中将表格与 Div+CSS 两种布局技术相互配合使用可能效果最好。那么，在实践中什么时候使用表格技术，什么时候使用 Div+CSS 技术，这既需要考虑网页的实际设计需要、个人设计习惯，又需要综合考虑 Web 标准。一般，可以按以下原则来考虑：①网页各版块的布局和定位使用 Div+CSS 技术来完成；②网页显示数据的区域使用表格技术来完成。

在了解了以上基本知识后，本任务将使用表格与 Div+CSS 两种技术来布局页眉。

（一）　布局页眉

在现代网页布局中，经常用到 Div，而 Div 本身只是一个区域标签，不能定位与布局，真正定位的是 CSS 代码。下面介绍使用 Div 标签和 CSS 样式布局页眉的基本方法。

【操作步骤】

1. 首先定义一个本地静态站点，然后将素材文件复制到站点根文件夹下。
2. 新建一个网页文档，并保存为 "index.htm"。
3. 选择【修改】/【页面属性】命令，打开【页面属性】对话框。在【外观】分类中设置页面字体为"宋体"，大小为"14 像素"，边距均为"2 像素"；在【标题/编码】分类中设置标题为"宝贝画展"，然后单击 确定 按钮关闭对话框。
4. 在菜单栏中选择【插入】/【布局对象】/【Div 标签】命令，或在【插入】/【布局】面板中单击 （插入 Div 标签）按钮，打开【插入 Div 标签】对话框，在【插入】下拉列表中选择"在插入点"选项，在【ID】下拉列表框中输入"head"，如图 7-2 所示。

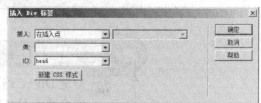

图 7-2　【插入 Div 标签】对话框

 　可以在【插入】列表框中定义要插入 Div 标签的位置，如果此时需要定义 CSS 样式，可以在【ID】下拉列表框中输入 Div 标签的 ID 名称，然后单击 新建 CSS 样式 按钮创建 ID 名称 CSS 样式，当然也可以在【类】下拉列表框中输入类 CSS 样式的名称，然后再单击 新建 CSS 样式 按钮创建类 CSS 样式。不管使用哪种形式的 CSS 样式，建议都要对 Div 标签进行 ID 命名，以方便页面布局的管理。如果此时不定义 CSS 样式，可以单击 确定 按钮直接插入 Div 标签。

说明

5. 单击 ![确定] 按钮直接插入 Div 标签，如图 7-3 所示。

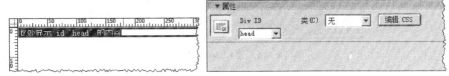

图 7-3 插入 Div 标签

6. 将光标移到 Div 标签边框上单击将其选中，【属性】面板如图 7-4 所示。

图 7-4 Div 标签【属性】面板

【知识链接】

Div 标签是用来为 HTML 文档内大块的内容提供结构和背景的元素。Div 的起始标签和结束标签之间的所有内容都是用来构成这个块的，其中所包含元素的特性由 Div 标签的属性或样式表格式化这个块来进行控制。Div 标签称为区隔标记，作用是设置文本、图像、表格等元素的摆放位置。当把文本、图像或其他的内容放在 Div 中，它可称为 "Div block"。

Div 标签【属性】面板比较简单，只有【Div ID】和【类】两个下拉菜单项和一个 ![编辑 CSS] 按钮。使用 Div 标签布局网页必须和 CSS 相结合，它的大小、背景等内容需要通过 CSS 来控制。

7. 在 Div 标签【属性】面板中单击 ![编辑 CSS] 按钮，打开【CSS 样式】面板，单击 ![全部] 按钮进入显示文档所有的 CSS 样式模式，如图 7-5 所示。

图 7-5 【CSS 样式】面板

 在【所有规则】列表中有两个 CSS 样式，这是在设置页面属性后形成的，其中高级 CSS 样式 "body,td,th" 定义了文本字体和大小，标签 CSS 样式 "body" 定义了边界（即页边距）。

【知识链接】

在【所有规则】列表中，每选择一个规则，在【属性】列表中将显示相应的属性和属性值。单击 ![全部] 按钮，将显示文档所涉及的全部 CSS 样式；单击 ![正在] 按钮，将显示文档中光标所在处正在使用的 CSS 样式。在【CSS 样式】面板的底部有 7 个按钮，其功能说明如下。

- ![] （显示类别视图）：将 Dreamweaver 支持的 CSS 属性划分为 8 个类别，每个类别的属性都包含在一个列表中，单击类别名称旁边的 ![] 图标展开或折叠。
- ![] （显示列表视图）：按字母顺序显示 Dreamweaver 所支持的 CSS 属性。
- ![] （只显示设置属性）：仅显示已设置的 CSS 属性，此视图为默认视图。
- ![] （附加样式表）：选择要链接或导入到当前文档中的外部样式表。
- ![] （新建 CSS 规则）：新建 Dreamweaver 所支持的 CSS 规则。
- ![] （编辑样式）：编辑当前文档或外部样式表中的样式。
- ![] （删除 CSS 规则）：删除【CSS 样式】面板中的所选规则或属性，并从应用该规则的所有元素中删除格式（但不能删除对该样式的引用）。

8. 在【CSS 样式】面板中单击 按钮，打开【新建 CSS 规则】对话框，参数设置如图 7-6 所示。

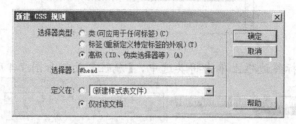

图 7-6　【新建 CSS 规则】对话框

> 在创建高级 ID 名称 CSS 样式时，在【选择器】下拉列表框中必须先输入 "#"，然后再输入 ID 名称，否则创建的 CSS 样式不起作用。

【知识链接】

在 Dreamweaver 8 中，可通过【新建 CSS 规则】对话框创建 3 种类型的 CSS 样式，即类、标签和高级。

(1) 类：可创建自定义名称的 CSS 样式，能够应用在网页中的任何标签上，类样式在源代码中以点（.）开头。例如，可以在样式表中加入 ".pstyle" 类样式，代码如下。

```
.pstyle{font-family: "宋体"; font-size: 12px}
```

类 CSS 样式在网页文档中必须专门引用才能生效，通常使用 class 属性引用类样式，如 "<p class="pstyle">...</p>"，凡是含有 "class="pstyle""（在引用时类名称前没有点标识）的标签都应用该样式，class 属性用于指定元素属于何种样式的类。

(2) 标签：可对 HTML 标签进行重新定义、规范或者扩展其属性，样式名称就是 HTML 标签名称。例如，当创建或修改 p 标签的 CSS 样式时，所有用 p 标签进行格式化的文本都将被立即更新，如下面的代码。

```
p{font-family: "宋体"; font-size: 12px}
```

因此，重定义标签时应多加小心，因为这样做有可能会改变许多页面的布局。比如说，如果对 table 标签进行重新定义，就会影响到其他使用表格的页面的布局，当然，前提是样式保存在了独立的样式表文件中，而不是网页文档本身。

(3) 高级：可以创建标签组合、标签嵌套、id 名称等形式的高级 CSS 样式，创建后将自动生效，当然 id 名称格式的高级 CSS 样式必须保证对象已设置了该名称。

● 标签组合格式，即同时为多个 HTML 标签定义相同的样式，例如：

```
h1,p{font-size: 12px}
a:link,a:visited{color: #000000; text-decoration: none}
```

● 标签嵌套格式。例如，每当标签 h2 出现在表格单元格内时使用的格式为：

```
td h2{font-size: 18px}
```

● id 名称格式，例如：

```
#mystyle{ font-family: "宋体"; font-size: 12px}
```

可以通过 ID 属性应用到 id 名称为 "mystyle" 的标签上，例如：

```
<P ID= "mystyle" >...</P>
```

整个文档中的每个 ID 属性的值都必须是唯一的。其值必须以字母开头，然后紧接字母、数字或连字符。字母限于 A～Z 和 a～z。

- 高级 CSS 样式有时也会是多种形式的组合，例如：

`#mytable td a:link, #mytable td a:visited{color: #000000}`

在【选择器类型】选项组中选择不同的选项时，对话框的内容会有所不同。当选择【类】选项时，对话框中的【标签】变成了【名称】；当选择【高级】选项时，对话框中的【标签】变成了【选择器】。

【定义在】选项右侧是两个单选按钮，它们决定了所创建的 CSS 样式的保存位置。

- 【仅对该文档】：将 CSS 样式保存在当前的文档中，包含在文档的头部标签"<head>…</head>"内。
- 【新建样式表文件】：将新建一个专门用来保存 CSS 样式的文件，它的文件扩展名为"*.css"，如果在站点中已有创建的 CSS 样式文件，在下拉列表中也将显示这些 CSS 样式文件名称供用户选择，也就是说，在这种情况下，既可以创建新的样式表文件，也可以将样式保存在已有的样式表文件中。

9. 单击 确定 按钮，打开【#head 的 CSS 规则定义】对话框，并切换到【方框】分类，参数设置如图 7-7 所示。

图 7-7 【方框】分类

 只将【边界】选项中的左右边界设置为"自动"，即可使 Div 标签居中显示。

【知识链接】

CSS 将网页中所有的块元素都看做是包含在一个方框中的。【方框】分类对话框中各选项功能简要说明如下。

- 【宽】和【高】：用于设置方框本身的宽度和高度。
- 【浮动】：用于设置块元素的对齐方式。
- 【清除】：用于清除设置的浮动效果。
- 【填充】：用于设置围绕块元素的空白大小，包含【上】（控制上空白的宽度）、【右】（控制右空白的宽度）、【下】（控制下空白的宽度）和【左】（控制左空白的宽度）4 个选项。

- 【边界】：用于设置围绕边框的边距大小，包含了【上】（控制上边距的宽度）、
  【右】（控制右边距的宽度）、【下】（控制下边距的宽度）和【左】（控制左边
  距的宽度）4 个选项，如果将对象的左右边界均设置为"自动"，可使对象居
  中显示。

10. 单击 确定 按钮关闭【#head 的 CSS 规则定义】对话框，如图 7-8 所示。

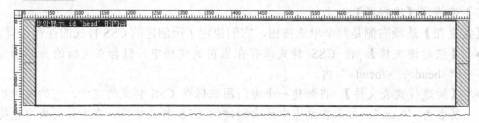

图 7-8　设置参数后的 Div 效果

【知识链接】

关于【方框】分类对话框中的宽度、高度、填充和边界的含义与表格有所差别，具体如
图 7-9 所示。通过比较，读者在理解了基本概念及其差别后，可以更好地利用 Div+CSS 以
及表格来布局网页。

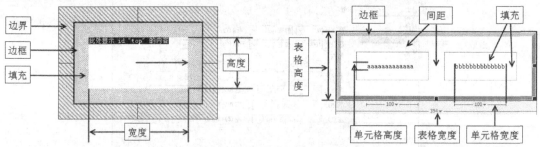

图 7-9　CSS 中的方框与表格比较

11. 在【CSS 样式】面板中，双击高级 CSS 样式名称"#head"，打开【#head 的 CSS 规则
    定义】对话框，并切换到【背景】分类，参数设置如图 7-10 所示。

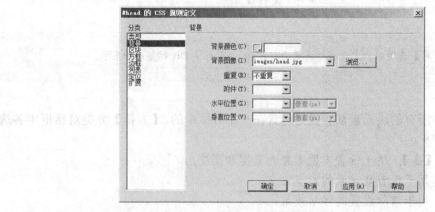

图 7-10　【背景】分类

【知识链接】

背景属性主要用于设置背景颜色或背景图像，【背景】分类对话框中各选项功能简要说

明如下。

- 【背景颜色】和【背景图像】：用于设置背景颜色和背景图像。
- 【重复】：用于设置背景图像的平铺方式，有"不重复"、"重复"（图像沿水平、垂直方向平铺）、"横向重复"（图像沿水平方向平铺）和"纵向重复"（图像沿垂直方向平铺）4 个选项。
- 【附件】：用来控制背景图像是否会随页面的滚动而一起滚动，有"固定"（文字滚动时背景图像保持固定）和"滚动"（背景图像随文字内容一起滚动）两个选项。
- 【水平位置】和【垂直位置】：用来确定背景图像的水平/垂直位置。选项有"左对齐"、"右对齐"、"顶部"、"底部"、"居中"和"（值）"（自定义背景图像的起点位置，可对背景图像的位置做出更精确地控制）。

12. 单击 确定 按钮关闭【#head 的 CSS 规则定义】对话框，如图 7-11 所示。

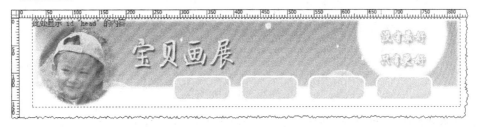

图 7-11　设置背景图像后的 Div 效果

13. 暂时保存文件。

（二）　设置导航栏

下面介绍使用 Div 标签和 CSS 样式以及表格布局导航栏的基本方法。

【操作步骤】

1. 将 Div 标签内的文本删除，然后在【插入】/【布局】面板中单击 （插入 Div 标签）按钮，打开【插入 Div 标签】对话框，在【插入】下拉列表中选择"在插入点"选项，在【ID】下拉列表框中输入"nav"，如图 7-12 所示。
2. 单击 新建 CSS 样式 按钮，打开【新建 CSS 规则】对话框，在【选择器】下拉列表框中输入"#nav"，如图 7-13 所示。

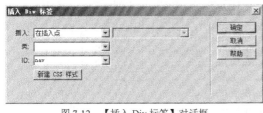

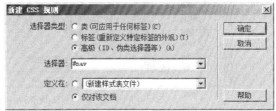

图 7-12　【插入 Div 标签】对话框　　　　　　图 7-13　【新建 CSS 规则】对话框

3. 单击 确定 按钮打开【#nav 的 CSS 规则定义】对话框，并切换到【方框】分类，参数设置如图 7-14 所示。
4. 单击 确定 按钮关闭【#nav 的 CSS 规则定义】对话框，继续单击 确定 按钮关闭【新建 CSS 规则】对话框，插入的 Div 标签如图 7-15 所示。

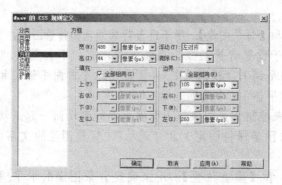

图 7-14　【方框】分类

图 7-15　插入的 Div 标签

在开始设置 Div 标签 "nav" 的宽度、高度和上边界、左边界时，没有太确切的数字，可以大致估计，然后根据实际情况反复修改，直到恰好覆盖 4 个导航栏背景即可。

5. 将 Div 标签内的文本删除，并插入一个 1 行 7 列的表格，其属性设置如图 7-16 所示。

图 7-16　表格【属性】面板

6. 将第 1、3、5、7 个单元格的宽度均设置为 "110"，水平对齐方式均设置为 "居中对齐"，将第 2、4、6 个单元格的宽度均设置为 "16"，然后在第 1、3、5、7 个单元格中输入相应的文本，并暂时添加空链接，如图 7-17 所示。

图 7-17　设置导航栏

下面创建超级链接 CSS 样式，使超级链接的状态显得丰富多彩。

7. 在【CSS 样式】面板中单击 ⊞ 按钮，打开【新建 CSS 规则】对话框，在【选择器】下拉列表框中输入 "#nav a:link, #nav a:visited"，如图 7-18 所示。

8. 单击 ┃ 确定 ┃ 按钮，打开【#nav a:link,#nav a:visited 的 CSS 规则定义】对话框，【类型】分类参数设置如图 7-19 所示。

图 7-18 【新建 CSS 规则】对话框　　　　　　　　图 7-19 【类型】分类

【知识链接】

【类型】分类属性主要用于定义网页中文本的字体、大小、颜色、样式及文本链接的修饰线等，其中包含 9 种 CSS 属性，全部是针对网页中的文本的。

- 【字体】：用于设置样式中使用的文本字体。
- 【大小】：用于设置文本大小，可以在下拉列表中选择一个数值或者直接输入具体数值，有 9 种度量单位，常用单位是"像素"。
- 【粗细】：用于设置文本字体的粗细效果。
- 【样式】：用于设置文本字体显示的样式，包括"正常"、"斜体"和"偏斜体"3 种样式。
- 【变体】：可以将正常文字缩小一半后大写显示。
- 【行高】：用于设置行的高度。
- 【大小写】：用于设置文本字母的大小写方式。
- 【修饰】：用于设置文本的修饰效果，包括"下划线"、"删除线"等。
- 【颜色】：用于设置文本的颜色。

9. 按照同样的方法创建高级 CSS 样式"#nav a:hover"，参数设置如图 7-20 所示。

图 7-20 【类型】分类

10. 单击 确定 按钮，效果如图 7-21 所示。

图 7-21 设置超级链接样式后的页眉效果

设置超级链接鼠标光标悬停效果时，如果设置了方框宽度和高度以及背景颜色或图像，在鼠标光标停留在超级链接上时，将出现背景效果。

任务二　制作网页主体

在宝贝画展网页中，主体部分左侧部分为宝贝简介，右侧部分为作品展示。本任务将使用 Div+CSS 技术来布局网页主体部分。

（一）　制作左侧栏目

下面使用 Div 标签和 CSS 样式布局左侧栏目。

【操作步骤】

1. 在【插入】/【布局】面板中单击 📄（插入 Div 标签）按钮，打开【插入 Div 标签】对话框，在【插入】下拉列表中选择"在标签之后"、"<div id="head">"，在【ID】下拉列表框中输入"main"，如图 7-22 所示。
2. 单击 新建 CSS 样式 按钮，打开【新建 CSS 规则】对话框，参数设置如图 7-23 所示。

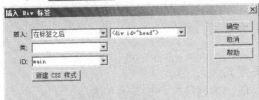

图 7-22　【插入 Div 标签】对话框　　　　　图 7-23　【新建 CSS 规则】对话框

3. 单击 确定 按钮，打开【#main 的 CSS 规则定义】对话框，【方框】分类参数设置如图 7-24 所示。

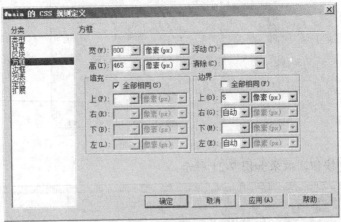

图 7-24　【方框】分类

4. 连续两次单击 确定 按钮关闭相关对话框，然后将 Div 标签"main"内的文本删除，并在其中插入 Div 标签"left"，如图 7-25 所示。
5. 接着创建高级 CSS 样式"#left"，【背景】分类参数设置如图 7-26 所示。

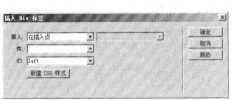

图 7-25 【插入 Div 标签】对话框

图 7-26 【背景】分类

6. 切换至【方框】分类，参数设置如图 7-27 所示。

> 在设置 Div 标签 "left" 的宽度、高度和上填充、左右填充时没有太确切的数字，可以大致估计，然后根据实际情况反复调整，直到恰好覆盖背景图像且文本能在背景图像框内显示即可。这里要注意，方框宽度+左填充+右填充的总和应该等于背景图像的宽度 "205 像素"，方框高度+上填充的总和应该等于背景图像的高度 "455 像素"。

7. 将 Div 标签 "left" 内的文本删除，然后将素材文件 "宝贝简介.doc" 中的文本全选复制，在 Dreamweaver 8 中选择【选择】/【选择性粘贴】命令将宝贝简介文本粘贴过来，保留带结构的文本以及基本格式，不要清理 Word 段落间距，效果如图 7-28 所示。

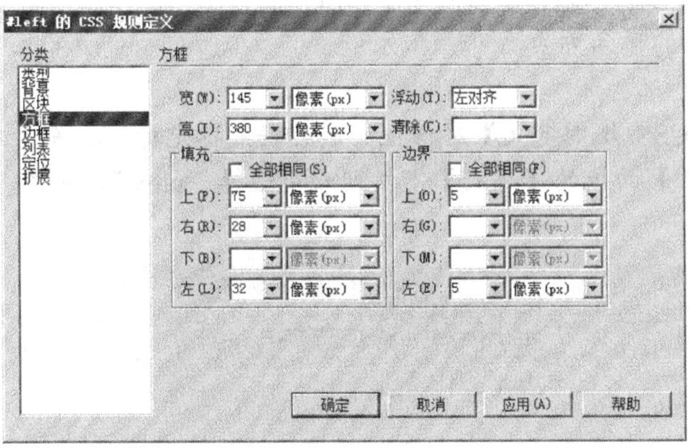

图 7-27 【方框】分类

图 7-28 输入简介文本

下面创建类 CSS 样式 ".ptext" 来控制文本格式。

8. 在【CSS 样式】面板中单击 按钮，打开【新建 CSS 规则】对话框，参数设置如图 7-29 所示。

> 在【名称】列表框中输入类 CSS 样式名称时，应该先输入英文状态下的句点 "."，然后再输入具体的名称如果没有输入句点，系统将在源代码中自动添加。

9. 单击 确定 按钮，打开【.ptext 的 CSS 规则定义】对话框，在【类型】分类中将行高设置为"22 像素"，在【方框】分类中将上和下边界均设置为"2 像素"，【区块】分类参数设置如图 7-30 所示。

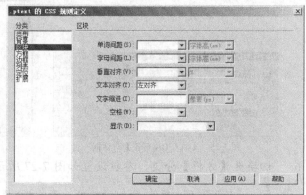

图 7-29 【新建 CSS 规则】对话框   图 7-30 【区块】分类

【知识链接】

区块属性主要用于控制网页元素的对齐方式、文本缩进等，其中包含 7 种 CSS 属性。

- 【单词间距】：用于设置文字间相隔的距离。
- 【字母间距】：用于设置字母或字符的间距，其作用与单词间距类似。
- 【垂直对齐】：用于设置文字或图像相对于其母体元素的垂直位置。如果将一个 2 像素×3 像素的 GIF 图像同其母体元素文字的顶部垂直对齐，则该 GIF 图像将在该行文字的顶部显示。
- 【文本对齐】：用于设置元素中文本的水平对齐方式。
- 【文字缩进】：用于设置首行文本的缩进程度，如设置负值可使首行突出显示。
- 【空格】：用于设置文本中空格的显示方式。
- 【显示】：用于设置元素的显示方式。

10. 单击 确定 按钮关闭【.ptext 的 CSS 规则定义】对话框，然后将鼠标光标依次置于文本第 1 段和第 2 段中，并在【属性】面板的【样式】下拉列表中选择"ptext"，如图 7-31 所示。

图 7-31 引用类 CSS 样式

 这是通过【属性】面板给对象应用类 CSS 样式的基本途径，上面的操作给段落标签"<p>"引用了类 CSS 样式"ptext"，引用的源代码是：<p class="ptext">…</p>。

11. 暂时保存文档。

（二）　制作右侧栏目

下面使用 Div 标签和 CSS 样式布局右侧栏目。

【操作步骤】

1. 在【插入】/【布局】面板中单击 （插入 Div 标签）按钮，打开【插入 Div 标签】对话框，在【插入】下拉列表中选择"在标签之后"、"<div id="left">"，在【ID】下拉列表框中输入"right"，如图 7-32 所示。

2. 单击 新建 CSS 样式 按钮，打开【新建 CSS 规则】对话框，参数设置如图 7-33 所示。

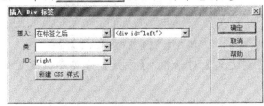

图 7-32　【插入 Div 标签】对话框　　　　　　图 7-33　【新建 CSS 规则】对话框

3. 单击 确定 按钮，打开【#right 的 CSS 规则定义】对话框，【方框】分类参数设置如图 7-34 所示。

4. 切换到【边框】分类，其参数设置如图 7-35 所示。

图 7-34　【方框】分类　　　　　　　　　　　图 7-35　【边框】分类

【知识链接】

【边框】分类主要用于设置网页元素边框效果，共包括 3 种 CSS 属性。

- 【样式】：用于设置上、右、下和左边框线的样式，共有"无"、"虚线"、"点划线"、"实线"、"双线"、"槽状"、"脊状"、"凹陷"和"凸出"9 个选项。
- 【宽度】：用于设置各边框的宽度，包括"细"、"中"、"粗"和"（值）"4 个选项，其中"（值）"的单位有"像素（px）"等。
- 【颜色】：用于设置边框的颜色。

如果想使边框的 4 个边分别显示不同的样式、宽度和颜色，可以分别进行设置，这时要取消对【全部相同】复选框的勾选。

5. 连续两次单击 确定 按钮，插入名称为"right"的 Div 标签。

> Div 标签是可以嵌套的，在 Div 标签"main"内实际上嵌套了两个 Div 标签"left"和"right"。Div 标签要并行排列，必须设置其对齐方式。

6. 将 Div 标签内的文本删除，然后在【插入】/【布局】面板中单击 （插入 Div 标签）按钮，打开【插入 Div 标签】对话框，在【插入】下拉列表中选择"在插入点"，在【ID】下拉列表框中输入"cock"，如图 7-36 所示。

7. 单击 新建 CSS 样式 按钮，打开【新建 CSS 规则】对话框，参数设置如图 7-37 所示。

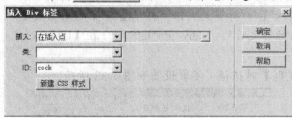
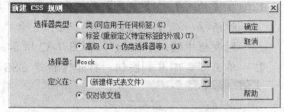

图 7-36 【插入 Div 标签】对话框　　　　　　图 7-37 【新建 CSS 规则】对话框

8. 单击 确定 按钮，打开【#cock 的 CSS 规则定义】对话框，【方框】分类参数设置如图 7-38 所示。

9. 连续两次单击 确定 按钮关闭相关对话框，然后将 Div 标签"cock"内的文本删除，并在其中插入图像"images/t01.jpg"。

10. 继续在【插入】/【布局】面板中单击 （插入 Div 标签）按钮，打开【插入 Div 标签】对话框，参数设置如图 7-39 所示。

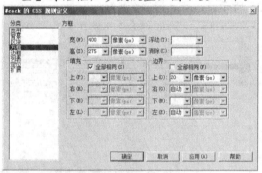

图 7-38 【方框】分类　　　　　　图 7-39 【插入 Div 标签】对话框

11. 单击 新建 CSS 样式 按钮，打开【新建 CSS 规则】对话框，参数设置如图 7-40 所示。

12. 单击 确定 按钮，打开【#cocktext 的 CSS 规则定义】对话框，【方框】分类参数设置如图 7-41 所示。

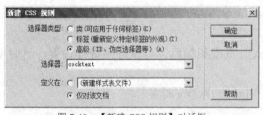

图 7-40 【新建 CSS 规则】对话框　　　　　　图 7-41 【方框】分类

13. 单击 确定 按钮，返回【新建 CSS 规则】对话框；继续单击 确定 按钮，关闭【新建 CSS 规则】对话框。

14. 将 Div 标签"cocktext"内的文本删除，然后将素材文件"鸡宝宝的春天.doc"中的文本复制，在 Dreamweaver 8 中选择【选择】/【选择性粘贴】命令将文本粘贴过来，保留带结构的文本以及基本格式，不要清理 Word 段落间距，效果如图 7-42 所示。

图 7-42　粘贴文本

15. 将鼠标光标置于文本"鸡宝宝的春天"所在行，然后在【属性】面板的【格式】下拉
    列表中选择"标题2"（对应的 HTML 标签是"h2"），如图 7-43 所示。

图 7-43　设置标题格式

16. 在【CSS 样式】面板中单击 🔁 按钮，打开【新建 CSS 规则】对话框。在【选择器类
    型】中选择【标签】选项，在【标签】列表框中选择【h2】选项，如图 7-44 所示。

这是在定义标签 CSS 样式，但在实践中不建议使用标签 CSS 样式，因为它会对文档中所有
的相同标签都起作用。如果想重新定义该标签的样式，并且是在局部范围内使用，可以采取定
义高级 CSS 样式的方法，如"#cocktext h2"，这样它就只对 ID 名称为"cocktext"容器中的
"h2"起作用，当然也可以定义类 CSS 样式，对标签"h2"应用该类样式即可。

17. 单击 ⬚确定⬚ 按钮，打开【h2 的 CSS 规则定义】对话框，【类型】分类参数设置如图 7-45
    所示。

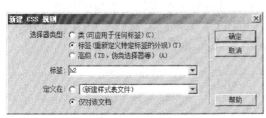

图 7-44　【新建 CSS 规则】对话框

图 7-45　【类型】分类

18. 切换至【区块】分类，设置文本对齐方式为"居中"，然后切换至【方框】分类，参数设置如图 7-46 所示。

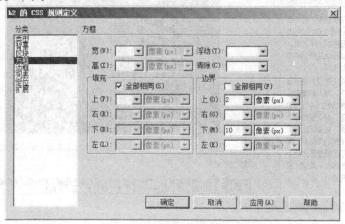

图 7-46 【方框】分类

19. 连续两次单击 确定 按钮关闭相应对话框，然后将光标置于文本"作品构图饱满"一段中，并在【属性】面板的【样式】下拉列表中选择"ptext"，效果如图 7-47 所示。

图 7-47 设置 CSS 样式后的效果

20. 选中文本"一只骄傲的大公鸡正在唤起山脚下初升的红太阳呢"，然后在【属性】面板的【颜色】文本框中输入"#FF0000"，并单击 B 按钮进行加粗显示，如图 7-48 所示。

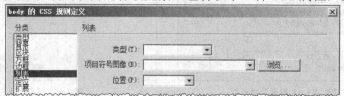

图 7-48 设置局部文本的 CSS 样式

 这时在【样式】列表框中自动出现了样式名称"STYLE1"，在源代码中使用了 HTML 标签 "<span class="STYLE1">…</span>" 来对一段文本中的个别文本应用 CSS 样式。

【知识链接】

CSS 规则定义对话框共包括 8 个分类，在上面的操作中已经学习了【类型】、【背景】、【区块】、【方框】和【边框】5 个分类的内容，下面对另外 3 个进行一下简要介绍。

【列表】分类用于控制列表内的各项元素，包含以下 3 种 CSS 属性，如图 7-49 所示。

图 7-49 【列表】分类

- 【类型】：用于设置列表内每一项前使用的符号。
- 【项目符号图像】：用于将列表前面的符号换为图形。
- 【位置】：用于描述列表的位置。

　　【定位】分类对话框如图 7-50 所示。定位属性可以使网页元素随处浮动，这对于一些固定元素（如表格）来说，是一种功能的扩展，而对于一些浮动元素（如层）来说，却是有效地、用于精确控制其位置的方法。在学习了层的知识后，再来理解【定位】分类对话框的内容，其效果会更好。【定位】分类对话框中主要包含以下 8 种 CSS 属性。

图 7-50　【定位】分类

- 【类型】：用于确定定位的类型，共有"绝对"（使用坐标来定位元素，坐标原点为页面左上角）、"相对"（使用坐标来定位元素，坐标原点为当前位置）、"静态"（不使用坐标，只使用当前位置）和"固定"4 个选项。
- 【显示】：用于设置网页中的元素显示方式，共有"继承"（继承母体要素的可视性设置）、"可见"和"隐藏"3 个选项。
- 【宽】和【高】：用于设置元素的宽度和高度。
- 【Z 轴】：用于控制网页中块元素的叠放顺序，可以为元素设置重叠效果。该属性的参数值使用纯整数，数值大的在上，数值小的在下。
- 【溢出】：在确定了元素的高度和宽度后，如果元素的面积不能全部显示元素中的内容时，该属性便起作用了。该属性的下拉列表中共有"可见"（扩大面积以显示所有内容）、"隐藏"（隐藏超出范围的内容）、"滚动"（在元素的右边显示一个滚动条）和"自动"（当内容超出元素面积时，自动显示滚动条）4个选项。
- 【置入】：为元素确定了绝对和相对定位类型后，该组属性决定元素在网页中的具体位置。
- 【裁切】：当元素被指定为绝对定位类型后，该属性可以把元素区域剪切成各种形状，但目前提供的只有方形一种，其属性值为 "rect(top right bottom left)"，即 "clip: rect(top right bottom left)"，属性值的单位为任何一种长度单位。

　　【扩展】分类对话框包含两部分，如图 7-51 所示。【分页】栏中两个属性的作用是为打印的页面设置分页符。【视觉效果】栏中的两个属性的作用是为网页中的元素施加特殊效果，这里不再详细介绍。

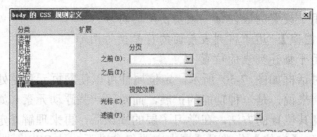

图 7-51　【扩展】分类

任务三　制作页脚

下面使用 Div 标签和 CSS 样式布局页脚。

【操作步骤】

1. 在【插入】/【布局】面板中单击 ▦（插入 Div 标签）按钮，打开【插入 Div 标签】对话框，在【插入】下拉列表中选择"在标签之后"、"<div id="main">"，在【ID】下拉列表框中输入"foot"，如图 7-52 所示。
2. 单击 新建 CSS 样式 按钮，打开【新建 CSS 规则】对话框，参数设置如图 7-53 所示。

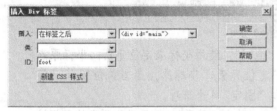

图 7-52　【插入 Div 标签】对话框

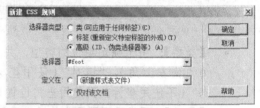

图 7-53　【新建 CSS 规则】对话框

3. 单击 确定 按钮，打开【#foot 的 CSS 规则定义】对话框，【背景】分类参数设置如图 7-54 所示。
4. 切换至【区块】分类，设置文本对齐方式为"居中"，然后切换至【方框】分类，参数设置如图 7-55 所示。

图 7-54　【背景】分类

图 7-55　【方框】分类

5. 连续两次单击 确定 按钮关闭相应对话框，然后将插入的 Div 标签 "foot" 内的文本删除，并输入相应的页脚文本。
6. 接着创建高级 CSS 样式 "#foot p"，在【类型】分类中设置文本大小为"12 像素"，行高为"20 像素"；在【方框】分类中设置上边界和下边界均为"0"，效果如图 7-56 所示。

图7-56 页脚

7. 最后再次保存文件。

【知识链接】

在创建 CSS 样式并对其进行设置后，如果不满意可对其进行修改或删除操作，还可复制 CSS 样式、重命名 CSS 样式以及应用 CSS 样式。

修改 CSS 样式的方法有以下 3 种。

- 在【CSS 样式】面板中双击样式名称，或先选中样式再单击面板底部的 ✏ 按钮，或在鼠标右键快捷菜单中选择【编辑】命令，打开【CSS 规则定义】对话框进行可视化定义或修改。
- 在【CSS 样式】面板中先选中样式名称，然后在【CSS 样式】面板下方的属性列表框中进行定义或修改。
- 在【CSS 样式】面板中用鼠标右键单击样式名称，在其快捷菜单中选择【转到代码】命令，将进入文档中源代码处，可以直接修改源代码。

删除 CSS 样式的方法也有以下 3 种。

- 在【CSS 样式】面板中先选中样式名称再单击面板底部的 🗑 按钮进行删除。
- 在【CSS 样式】面板中用鼠标右键单击样式名称，在其快捷菜单中选择【删除】命令。
- 在【CSS 样式】面板中用鼠标右键单击样式名称，在其快捷菜单中选择【转到代码】命令进入文档源代码处，直接删除源代码。

在 CSS 样式中的标签样式和高级样式是自动应用的，只有自定义的类样式需要手动操作进行应用，应用方式包括通过【属性】面板的【样式】、【类】下拉列表，或者在【CSS 样式】面板的右键快捷菜单中选择【套用】命令，或者在网页元素的右键快捷菜单中选择【CSS 样式】中的样式名称。

外部样式表通常是供多个网页使用的，其他网页文档要想使用已创建的外部样式表，必须通过【附加样式表】命令将样式表文件链接或者导入到文档中。附加样式表文件的方法是，在【CSS 样式】面板中单击面板底部的 🔗 按钮，或者在【CSS 样式】面板右键快捷菜单中选择【附加样式表】命令，打开【链接外部样式表】对话框进行设置即可，如图7-57所示。

图7-57 页脚

项目实训 布局"家家乐"网页

本项目主要介绍了使用 Div+CSS 布局网页的基本方法，本实训将让读者进一步巩固所学的基本知识。

要求：把素材文件复制到站点根文件夹下，然后根据操作提示使用 Div+CSS 布局如图 7-58 所示网页。

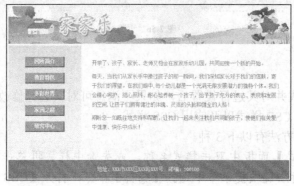

图 7-58　嘉家乐网页

【操作步骤】

1. 创建一个 HTML 文档并保存为"shixun.htm"。

2. 创建标签 CSS 样式"body"：设置文本字体为"宋体"，大小为"14 像素"，边界均为"0"。

3. 插入 Div 标签"headdiv"，同时创建高级 CSS 样式"#headdiv"：设置方框宽度和高度分别为"770 像素"和"100 像素"，上下边界分别为"5 像素"和"0"，左右边界均为"自动"。

4. 将 Div 标签"headdiv"中的文本删除，然后插入图像"logo.gif"。

5. 接着在 Div 标签"headdiv"之后插入 Div 标签"maindiv"，同时创建高级 CSS 样式"#maindiv"：设置方框宽度和高度分别为"770 像素"和"300 像素"，上下边界分别为"5 像素"和"0"，左右边界均为"自动"。

6. 将 Div 标签"maindiv"内的文本删除，然后插入 Div 标签"maindivleft"，然后创建高级 CSS 样式"#maindivleft"：设置背景图像为"images/bg.jpg"，宽度和高度分别为"200 像素"和"285 像素"，浮动为"左对齐"，上填充为"15 像素"，边界全部为"0"。

7. 将 Div 标签"maindivleft"内的文本删除，然后依次输入相应文本，并以按 Enter 键进行换行。

8. 定义高级 CSS 样式"#maindivleft p"：设置行高为"20 像素"，背景颜色为"#62DB00"，文本对齐方式为"居中"，方框宽度和高度分别为"100 像素"和"20 像素"，填充全部为"3 像素"，上下边界分别为"15 像素"和"0"，左右边界均为"自动"，右和下边框样式为"凸出"，宽度为"2 像素"，颜色为"#12BF05"。

9. 给所有文本添加空链接"#"，然后创建高级 CSS 样式"#maindivleft a:link, #maindivleft a:visited"：设置文本以"粗体"显示，颜色为"#FFFFFF"，无修饰效果，接着创建高级 CSS 样式"#maindivleft a:hover"：设置文本颜色为"#FF0000"，有下画线效果。

10. 接着在 Div 标签"maindivleft"之后插入 Div 标签"maindivright"，同时创建高级 CSS 样式"#maindivright"：方框宽度和高度分别为"515 像素"和"自动"，浮动为"左对齐"，填充均为"20 像素"，上和左边界分别为"5 像素"和"10 像素"。

11. 将 Div 标签"maindivright"内的提示文本删除，并输入 3 段文本（可从素材文件"开学寄语.doc"中复制粘贴文本内容），然后创建类 CSS 样式".pstyle"，设置行高为"25 像素"，颜色为"#12BF01"，上下边界均为"10 像素"，并将创建的类 CSS 样式应用到输入的 3 段文本上。

12. 最后在 Div 标签 "maindiv" 之后插入 Div 标签 "footdiv"，同时创建高级 CSS 样式 "#footdiv"：设置行高为 "50 像素"，文本颜色为 "#FFFFFF"，文本对齐方式为 "居中"，背景颜色为 "#31AC03"，方框宽度和高度分别为 "770 像素" 和 "50 像素"，上下边界分别为 "5 像素" 和 "0"，左右边界均为 "自动"，并输入相应的文本。

 # 项目小结

本项目通过创建宝贝画展网页着重介绍了使用 Div+CSS 布局网页的基本方法，包括插入 Div 标签、创建和设置 CSS 样式等内容。熟练掌握 Div+CSS 的应用将会给网页制作带来极大的方便，是需要重点学习和掌握的内容之一。

在本项目中，Div 标签几乎都使用了高级 ID 名称 CSS 样式，在实际应用中，建议读者根据实际需要灵活掌握，在适合使用类 CSS 样式的时候就尽量不用高级 ID 名称 CSS 样式，因为类 CSS 样式比较灵活，可以被反复引用，而高级 ID 名称 CSS 样式不能被多次引用，因为在同一个网页中 ID 名称是不允许重复的。

另外，在创建网页文档时，使用的 CSS 样式是保存在文档头部分，还是单独保存一个 CSS 文件，这需要根据实际情况而定。在一个站点中，通常会有很多网页文档，这些网页文档页面的许多部分功能和外观可能是相同的，在这种情况下，使用 CSS 样式表文件比较好，这样在以后修改时，只修改 CSS 样式表文件就行了。如果有些 CSS 样式只有本页使用，而其他网页文档不使用，可以将这部分 CSS 样式放置在网页的文档头部分，其他 CSS 样式放置在共用的 CSS 文件中。

 # 思考与练习

一、填空题

1. 传统的网页布局以表格为主，但现在_____布局逐步被广泛使用。

2. Div+CSS 布局技术涉及网页两个重要的组成部分：_____。

3. _____是用来为 HTML 文档内大块的内容提供结构和背景的元素。

4. _____是 "Cascading Style Sheet" 的缩写，可译为 "层叠样式表" 或 "级联样式表"。

5. 在【新建 CSS 规则】对话框中可以创建的 3 种类型的 CSS 样式是_____、标签和高级。

6. CSS 样式表文件的扩展名为_____。

二、选择题

1. 在【新建 CSS 规则】对话框中，选择【类（可应用于任何标签）】表示（ ）。

A. 用户自定义的 CSS 样式，可以应用到网页中的任何标签上

B. 对现有的 HTML 标签进行重新定义，当创建或改变该样式时，所有应用了该样式的格式都会自动更新

C. 对某些标签组合或者是含有特定 ID 属性的标签进行重新定义样式

D. 以上说法都不对

2. 在【新建 CSS 规则】对话框中，选择【标签（重新定义特定标签的外观）】表示（   ）。

A. 用户自定义的 CSS 样式，可以应用到网页中的任何标签上

B. 对现有的 HTML 标签进行重新定义，当创建或改变该样式时，所有应用了该样式的格式都会自动更新

C. 对某些标签组合或者是含有特定 ID 属性的标签进行重新定义样式

D. 以上说法都不对

3. 在【新建 CSS 规则】对话框中，选择【高级（ID、伪类选择器等）】表示（   ）。

A. 用户自定义的 CSS 样式，可以应用到网页中的任何标签上

B. 对现有的 HTML 标签进行重新定义，当创建或改变该样式时，所有应用了该样式的格式都会自动更新

C. 对某些标签组合或者是含有特定 ID 属性的标签进行重新定义样式

D. 以上说法都不对

4. 下面属于【类】选择器的是（   ）。

A. #TopTable   B. .Td1   C. P   D. #NavTable a:hover

5. 下面属于【标签】选择器的是（   ）。

A. #TopTable   B. .Td1   C. P   D. #NavTable a:hover

三、问答题

1. 简要说明 Div+CSS 布局技术的优点和缺陷。

2. 应用 CSS 样式有哪几种方法？

四、操作题

根据操作提示使用 Div+CSS 布局网页，如图 7-59 所示。

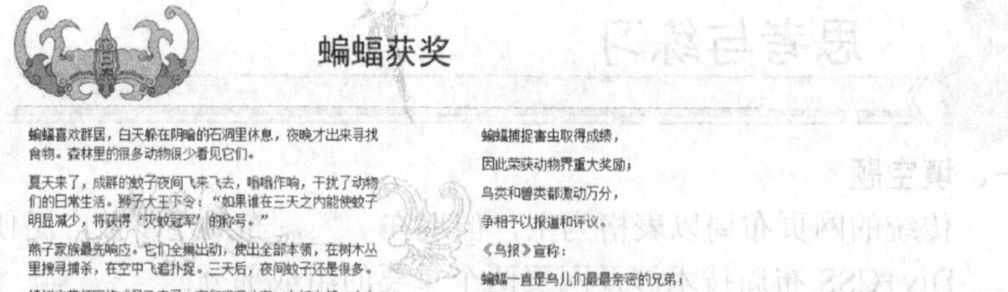

图 7-59　使用 Div+CSS 布局网页

【操作提示】

(1) 创建标签 CSS 样式"body"，设置背景图像为"images/bg.jpg"，重复方式为"纵向

重复"，水平位置为"居中"。

（2）插入 Div 标签"top"，并创建高级 CSS 样式"#top"，设置字体为"黑体"，大小为"36 像素"，行高为"100 像素"，设置背景图像为"images/bianfu.jpg"，重复方式为"不重复"，水平位置为"左对齐"，文本对齐方式为"居中"，方框宽度和高度分别为"800 像素"和"100 像素"，上边界为"5"，左右边界均为"自动"，最后输入文本"蝙蝠获奖"。

（3）在 Div 标签"top"之后插入 Div 标签"main"，并创建高级 CSS 样式"#main"，设置方框宽度和高度分别为"798 像素"和"628 像素"，上边界为"5"，左右边界均为"自动"，上下边框样式均为"实线"，宽度均为"1 像素"，颜色均为"#FFB002"。

（4）在 Div 标签"main"内插入 Div 标签"left"，并创建高级 CSS 样式"#left"，设置方框宽度为"390 像素"，浮动为"左对齐"，填充全部相同，均为"15 像素"，边界全部相同，均为"0"，最后输入相关文本（可从素材文档"蝙蝠获奖.doc"中复制粘贴文本）。

（5）创建类 CSS 样式".pstyle"，设置文本字体为"宋体"，大小为 "14 像素"，行高为"20 像素"，上边界为"5 像素"，下边界为"10"，并将该样式应用到 Div 标签"left"内的各个段落。

（6）在 Div 标签"left"之后插入 Div 标签"right"，并创建高级 CSS 样式"#right"，设置方框宽度为"280 像素"，浮动为"右对齐"，上、下和右填充均为"15 像素"，左填充为"75 像素"，上和右边界均为"0"。

（7）在 Div 标签"right"中输入相关文本（可从素材文档"蝙蝠获奖.doc"中复制粘贴文本），并给各段文本应用类 CSS 样式".pstyle"。

项目八

层和时间轴——制作海底探秘网页

层是分配有绝对位置的 HTML 页面元素，它和 Div 标签使用同一个 HTML 标识"<div>"，但这并不意味着层和 Div 标签是完全相同的，它们之间既有区别又有联系。时间轴是 Dreamweaver 8 实现动画的关键功能，但它需要与层相结合才能发挥这一作用。本项目以创建海底探秘网页为例（见图 8-1），介绍使用层布局网页以及使用层和时间轴创建动画的基本方法。在项目中，首先使用层布局整个页面，然后制作时间轴动画。

图 8-1　海底探秘网页

学习目标

知道层和时间轴的基本概念。
学会【层】和【时间轴】面板的使用方法。
学会使用层布局页面的基本方法。
学会使用层和时间轴创建动画的方法。

【设计思路】

本项目设计的是海底探秘网页，页面形象逼真，生动展现了海底生物多彩的生活。在网页制作过程中，网页按照页眉、主体和页脚的顺序进行制作，重点是主体部分，通过层和时间轴这两项功能的结合，使海中的虾沿着事先设计好的路线进行游动。

任务一　使用层布局页面

　　层是一种能够随意定位的页面元素，如同浮动在页面里的透明层，可以将层放置在页面的任何位置。由于层中可以放置包含文本、图像或多媒体对象等内容，很多网页设计者会使用层定位一些特殊的网页内容。本任务将使用层布局页面，从而让读者体会层与 Div 标签的区别与联系。

（一）　创建层

下面通过具体操作介绍创建层的方法。

【操作步骤】

1. 首先定义一个本地静态站点，然后将素材文件复制到站点根文件夹下。
2. 新建一个网页文档，并保存为 "index.htm"。
3. 在菜单栏中选择【修改】/【页面属性】命令，打开【页面属性】对话框，在【标题/编码】分类中设置标题为 "海底探秘"，然后单击 确定 按钮关闭对话框。
4. 在菜单栏中选择【编辑】/【首选参数】命令，打开【首选参数】对话框并切换至【层】分类，勾选【如果在层中则使用嵌套】复选框，如图 8-2 所示。

图 8-2　【层】分类

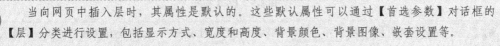

　　当向网页中插入层时，其属性是默认的。这些默认属性可以通过【首选参数】对话框的【层】分类进行设置，包括显示方式、宽度和高度、背景颜色、背景图像、嵌套设置等。

5. 单击 确定 按钮关闭【首选参数】对话框。

6. 将鼠标光标置于文档中，然后在菜单栏中选择【插入】/【布局对象】/【层】命令，插入一个默认大小的层 "Layer1"，如图 8-3 所示。

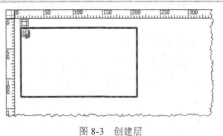

图 8-3　创建层

【知识链接】

在 Dreamweaver 8 中，可以使用以下方法来插入和绘制层。

- 选择【插入】/【布局对象】/【层】命令，插入一个默认大小的层。
- 将【插入】/【布局】面板上的 🔲（绘制层）按钮拖动到文档窗口中，插入一个默认大小的层。

- 单击【插入】/【布局】面板上的 ▤（绘制层）按钮，并将光标移至文档窗口中，当光标变为 ✛ 形状时拖曳光标，绘制一个自定义大小的层。
- 如果想一次绘制多个层，在单击 ▤（绘制层）按钮后，按住 Ctrl 键不放，连续进行绘制即可。

7. 在【插入】/【布局】面板上单击 ▤（绘制层）按钮后，然后按住 Ctrl 键不放，再连续绘制两个层，如图 8-4 所示。

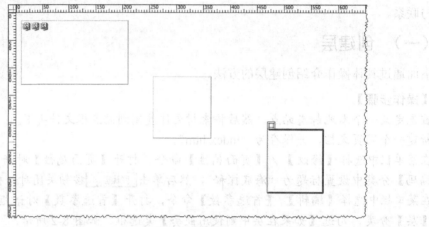

图 8-4　绘制层

 　　实际上，这里所说的层从字面理解就是层次的意思。就像盖楼一样，可以一层一层地往上盖。在网页制作中，也可以使用层将许多对象进行重叠，从而使其产生层次感。

8. 在菜单栏中选择【窗口】/【层】命令，打开【层】面板，如图 8-5 所示。

图 8-5　【层】面板

 　　当向网页中插入第 1 个层时，其名称默认是 "Layer1"，如果没有修改名称，后续插入的层的名称将依次 "Layer2"、"Layer3"，依此类推，建议根据实际情况修改名称。

【知识链接】

下面对【层】面板的功能进行简要说明。

- 【防止重叠】：勾选该复选框可以防止层出现重叠的情况。
- 👁：在层的名称前面有一个眼睛图标，单击眼睛图标可显示或隐藏层。
- 【名称】：双击层的名称可以对层进行重命名，单击层名称可以选定层，按住 Shift 键不放，依次单击层名称可以选中多个层。
- 【z】：单击层名称后面的数字可以修改层的 z 轴顺序，数字大的位于上层。通过层的这一属性可以使多个层发生堆叠，也就是多重叠加的效果。

9. 在【层】面板中单击层名称 "Layer2" 来选定该层。

【知识链接】

选定层还有以下几种方法。

- 单击文档中的 ⓒ 图标来选定层。如果没有显示该图标，可以在【首选参数】对话框的【不可见元素】分类中勾选【层锚记】复选框。
- 将光标置于层内，在窗口底部的标签条中选择相应的 HTML 标签 "<div>"。
- 单击层的边框线来选定层。
- 如果要选定两个以上的层，只要按住 Shift 键，然后逐个单击层手柄或在【层】面板中逐个单击层名称即可。

10. 拖动层 "Layer2" 右下角的缩放点调整层的宽度和高度，如图 8-6 所示。

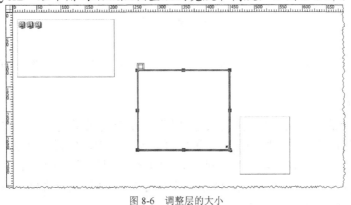

图 8-6　调整层的大小

【知识链接】

缩放层只是改变层的宽度和高度，不改变层中的内容。在文档窗口中可以缩放一个层，也可同时缩放多个层，使它们具有相同的尺寸。缩放单个层有以下几种方法。

- 选定层，然后拖动缩放手柄（层周围出现的小方块）来改变层的尺寸。拖动上或下手柄改变层的高度，拖动左或右手柄改变层的宽度，拖动 4 个角的任意一个缩放点同时改变层的宽度和高度，如图 8-7 所示。

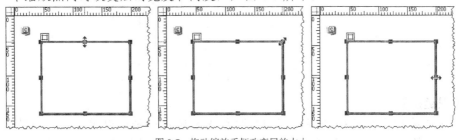

图 8-7　拖动缩放手柄改变层的大小

- 选定层，然后按住 Ctrl 键，每按一次方向键，层就被改变一个像素值。
- 选定层，然后同时按住 Shift + Ctrl 组合键，每按一次方向键，层就被改变 10 个像素值。

如果同时对多个层的大小进行统一调整，方法是，按住 Shift 键，将所有的层逐一选定，然后在【属性】面板的【宽】文本框内输入数值，按 Enter 键确认。此时文档窗口中所有层的宽度全部变成了指定的宽度。还可以使用【修改】/【排列顺序】/【设成宽度相同】命令来统一宽度，利用这种方法将以最后选定的层的宽度为标准。

11. 将光标置于层"Layer2"中，选择【插入】/【布局对象】/【层】命令，插入一个嵌套层，此时在【层】面板中也出现了嵌套层"Layer4"，如图8-8所示。

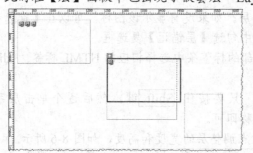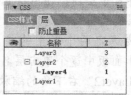

图8-8　插入嵌套层

按住 Ctrl 键不放，在【层】面板中将一个层拖动到另一个层上，可形成嵌套层。

【知识链接】

层是可以嵌套的。在某个层内部创建的层称为嵌套层或子层，嵌套层外部的层称为父层。子层的大小和位置不受父层的限制，子层可以比父层大，位置也可以在父层之外，只是在移动父层时，子层会随着一起移动，同时父层的显示属性会影响子层的显示属性。

12. 选定层"Layer3"，当光标靠近缩放手柄出现 ✛ 时，按住鼠标左键不放向右下方拖动，来调整层的位置，如图8-9所示。

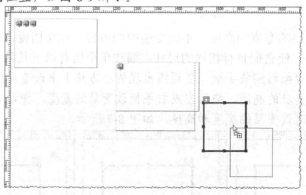

图8-9　移动层

【知识链接】

许多时候要根据需要移动层，移动层时首先要确定层是可以重叠的，也就是不勾选【层】面板中的【防止重叠】复选框，这样层可以不受限制地被移动。移动层的方法主要有以下几种。

- 选定层后，当光标靠近缩放手柄出现 ✛ 时，按住鼠标左键不放并进行拖动，层将跟着鼠标的移动而发生位移。
- 选定层，然后按4个方向键向4个方向移动层。每按一次方向键，将使层移动1个像素值的距离。
- 选定层，按住 Shift 键，然后按4个方向键，向4个方向移动层。每按一次方向键，将使层移动10个像素值的距离。

13. 按住 Shift 键不放，在【层】面板中依次选定层"Layer3"、"Layer2"和"Layer1"，然后在菜单栏中选择【修改】/【排列顺序】/【左对齐】命令，使所有的层左对齐，如图 8-10 所示。

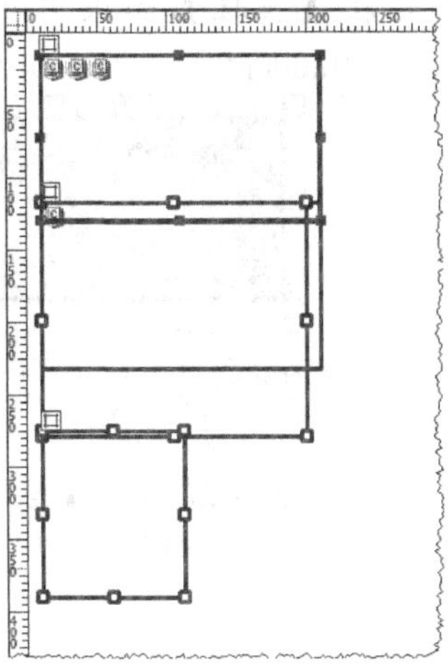

【知识链接】

在创建层的过程中，有时也会遇到将多个层进行对齐的情况。对齐层的方法是，首先将所有层选定，然后选择【修改】/【排列顺序】中的相应命令即可。例如，选择【对齐下缘】命令，将使所有被选中的层的底边按照最后选定的层的底边对齐，即所有层的底边都排列在一条水平线上。在【修改】/【排列顺序】菜单中，共有 4 个命令选项。

- 【左对齐】：以最后选定的层的左边线为标准，对齐排列层。
- 【右对齐】：以最后选定的层的右边线为标准，对齐排列层。
- 【对齐上缘】：以最后选定的层的顶边为标准，对齐排列层。
- 【对齐下缘】：以最后选定的层的底边为标准，对齐排列层。

图 8-10　对齐层

14. 最后保存文档。

（二）　设置层

插入层后还需要设置层，包括层的属性以及在层中应该放置的内容等，这样它才有实际价值。下面通过具体操作介绍设置层属性的方法。

【操作步骤】

1. 在【层】面板中双击层名称"Layer1"，将其修改为"head"，然后依次将层"Layer2"、"Layer3"和"Layer4"的名称修改为"main"、"foot"和"xia"，并勾选【防止重叠】复选框，如图 8-11 所示。

2. 在【层】面板中选中层"head"，在【属性】面板中设置其参数，如图 8-12 所示。

图 8-11　修改层名称

图 8-12　层"head"的参数设置

3. 在层"head"中插入图像"images/logo.jpg"，如图 8-13 所示。

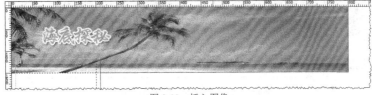

图 8-13　插入图像

4. 在【属性】面板中将层"head"的高度修改为"120"，在【溢出】选项中选择"hidden"，如图 8-14 所示。

图 8-14 修改属性参数后的效果

　　在修改层"head"的高度后，插入的图像的高度比层的高度大，在【溢出】选项中选择"hidden"后，超出层范围的图像的其他部分将不再显示。

5. 在【层】面板中选中层"main"，在【属性】面板中设置其参数，如图 8-15 所示，其效果如图 8-16 所示。

图 8-15 层"main"的参数设置

　　将层"main"的上边界设置为"122px"，是因为层"head"的高度为"120px"且其上边界为"0"，同时在层"main"与层"head"之间又空了"2像素"的距离。

图 8-16 设置层"main"属性参数后的效果

6. 在【层】面板中选中层"foot"，在【属性】面板中设置其参数，如图8-17所示。

图8-17　层"foot"的参数设置

【知识链接】

下面对层【属性】面板的相关参数说明如下。

- 【层编号】：用来设置层的ID名称。
- 【左】、【上】：用来设置层的左和上边界距文档窗口左和上边界的距离。
- 【宽】、【高】：用来设置层的宽度和高度。
- 【Z轴】：用来设置在垂直平面的方向上层的顺序号。
- 【可见性】：用来设置层的可见性，包括"default"（默认）、"inherit"（继承父层的该属性）、"visible"（可见）及"hidden"（隐藏）4个选项。
- 【背景图像】：用来为层设置背景图像。
- 【背景颜色】：用来为层设置背景颜色。
- 【类】：添加对所选CSS样式的引用。
- 【溢出】：用来设置层内容超过层大小时的显示方式，包括4个选项。"visible"是指按照层内容的尺寸向右、向下扩大层，以显示层内的全部内容；"hidden"是指只能显示层尺寸以内的内容；"scroll"是指不改变层大小，但增加滚动条，用户可以通过拖动滚动条来浏览整个层，该选项只在支持滚动条的浏览器中才有效，而且无论层是否足够大，都会显示滚动条；"auto"是指只在层不足够大时才出现滚动条，该选项也只在支持滚动条的浏览器中才有效。
- 【剪辑】：通过【左】、【右】、【上】、【下】4个参数来定义层中的可见区域，文本框中的数值都是指显示区域的左和上边界距其所在层左和上边界的距离，如图8-18所示。

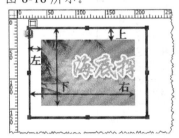
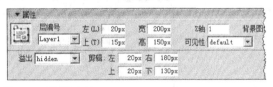

图8-18　剪辑的定义

7. 在层"foot"中输入文本"版权所有：海底探秘"，然后在【CSS样式】面板中双击"#foot"打开【#foot的CSS规则定义】对话框。在【类型】分类中设置字体为"宋体"，大小为"14像素"，行高为"50像素"；在【区块】分类中设置文本对齐方式为"居中"。

8. 暂时保存文档，在浏览器中的效果如图8-19所示。

版权所有：海底探秘

图 8-19　在浏览器中的效果

【知识链接】

层与 Div 标签既有区别又有联系，它们的共同点是在源代码中都使用 HTML 标签"<div>…</div>"进行标识，不同的是，在插入层时，层同时被赋予了 CSS 样式，通过【属性】面板还可以修改这些 CSS 样式，而插入 Div 标签时，需要再单独创建 CSS 样式对它进行控制，而且也不能通过【属性】面板设置其 CSS 样式。

另外，Div 标签是相对定位，层是绝对定位，这就意味着 Div 标签不能重叠，而层可以重叠。但在实践中，层和 Div 标签可以相互转换。转换的方法是，在【CSS 规则定义】对话框的【定位】分类中，将【类型】选项设置为"绝对"，即表示层，如图 8-20 所示，否则即为 Div 标签，这是层与 Div 标签转换的关键因素。

图 8-20　层使用绝对定位

任务二　使用时间轴制作动画

时间轴是与层密切相关的一项功能，它可以在 Dreamweaver 中实现动画的效果。时间轴可以使层的位置、尺寸、可视性和重叠次序以及层中对象的属性，随着时间的变化而改变，从而创建出具有 Flash 效果的动画。

在本任务中，制作时间轴动画首先需要在层"xia"中插入"虾向右游"的图像，然后将层"xia"添加到时间轴，并将层中的图像也添加到时间轴，在最右侧某处添加一个关键帧，并将层"xia"中图像修改为"虾向左游"的另一幅图像，在最后一个关键帧处，即"虾向右游"开始出发的地方，再修改为"虾向右游"的图像。

【操作步骤】

1.　将鼠标光标置于嵌套层"xia"中，然后插入图像"images/xia1.gif"，并在图像【属性】面板中将其 ID 名称设置为"xiaoxia"，如图 8-21 所示。

图 8-21　设置图像 ID 名称

2.　在【层】面板中选中嵌套层"xia"，然后设置其属性，如图 8-22 所示。

图 8-22　设置层属性

> 将层"xia"的左边界设置为"-160px"，将使层"xia"的起始位置出现于层"main"左边框的左边，而不是右边。

3.　在菜单栏中选择【窗口】/【时间轴】命令，打开【时间轴】面板，然后在【层】面板中保证选中层"xia"。

4.　在菜单栏中选择【修改】/【时间轴】/【增加对象到时间轴】命令（也可以将层直接拖曳到【时间轴】面板），弹出一个对话框提示读者时间轴的作用，如图 8-23 所示。

5.　勾选【不再显示这个信息】复选框，然后单击 确定 按钮将层"xia"添加到【时间轴】面板中，如图 8-24 所示。

图 8-23　提示对话框

图 8-24　【时间轴】面板

> 此时，一个动画条出现在时间轴的第 1 个通道中，层的名字也出现在动画条中。

【知识链接】

在 Dreamweaver 中，【时间轴】面板是创建时间轴动画的关键。在图 8-24 所示【时间轴】面板中，动画条的名称为"xia"，下面对相关选项说明如下。

- Timeline1 ▼ ：时间轴弹出式菜单，设置当前在【时间轴】面板中显示哪些时间轴。
- ⏮ ：后退至起点，即将播放头移至时间轴中的第 1 帧。
- ⬅ ：后退，单击 1 次向左移动播放头 1 帧，单击⬅按钮并按住鼠标可向左播放时间轴。
- 1 ：表示当前帧的序号。
- ➡ ：播放，单击 1 次向右移动播放头 1 帧，单击➡按钮并按住鼠标可向右连续播放时间轴。
- Fps 15 ：帧频，设置每秒播放的帧数，默认设置是每秒播放 15 帧。
- 【自动播放】：设置在浏览器载入当前页面后是否自动播放动画。
- 【循环】：设置在浏览器载入当前页面后是否无限循环播放动画。
- 【播放头】：显示在当前页面上的是时间轴的哪一帧。
- 【关键帧】：在动画条中被指定对象属性的帧，用小的圆圈表示。
- 【动画条】：显示每个对象的动画持续时间。

6. 在【时间轴】面板中拖动第 15 帧处的关键帧到第 100 帧处，以延长整个动画的播放时间，如图 8-25 所示。

图 8-25　延长整个动画的播放时间

 往右拖动是延长播放时间，往左拖动是缩短播放时间。

【知识链接】

　　动画的基本单位叫做帧，将很多帧按照时间先后顺序连接起来就形成了动画，而时间轴用来排列帧。在动画中有些帧非常关键，可以影响整个动画，这样的帧叫做关键帧。关键帧的概念来源于传统的卡通片制作。在早期，熟练的动画师设计卡通片中的关键画面，也即所谓的关键帧，然后由一般的动画师设计中间帧。在三维计算机动画中，中间帧的生成由计算机来完成。所有影响画面图像的参数都可成为关键帧的参数，如位置、旋转角、纹理的参数等。关键帧技术是计算机动画中最基本并且运用最广泛的方法。

7. 将播放头移到第 25 帧处，然后在菜单栏中选择【修改】/【时间轴】/【增加关键帧】命令或者单击鼠标右键，在弹出的快捷菜单中选择【增加关键帧】命令，增加一个关键帧。

8. 按照同样的方法在第 50 帧处也增加一个关键帧，如图 8-26 所示。

图 8-26　增加关键帧

在【时间轴】面板中如果要删除关键帧，可以用鼠标右键单击关键帧，然后在弹出的快捷菜单中选择【移除关键帧】命令。在拖动过程中动画条里的所有关键帧都将按比例发生位移。

9. 在【时间轴】面板中拖动最后一个关键帧到第 110 帧处，再次延长动画的播放时间，如图 8-27 所示。

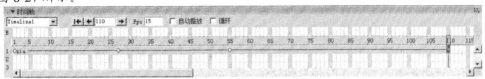

图 8-27　再次延长动画播放时间

在向右拖动最后一个关键帧时，各处关键帧的位置发生了变化，这意味着各关键帧的长度随着总长度的变化而变化。

10. 按住 Ctrl 键，在【时间轴】面板中拖动最后一个关键帧到第 120 帧处，再延长整个动画的播放时间，如图 8-28 所示。

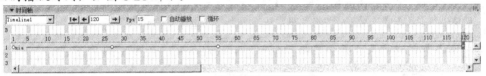

图 8-28　再次延长动画播放时间

如果不想让各关键帧随着总长度的变化而变化，只要在拖动最后一个关键帧时按住 Ctrl 键就行了。

11. 在【时间轴】面板中单击第 27 帧处的关键帧，将其右移至第 30 帧处，然后将第 55 帧处的关键帧右移至第 60 帧处，在第 90 帧处再增加一个关键帧，如图 8-29 所示。

图 8-29　移动和增加关键帧

在【时间轴】面板中如果要改变关键帧的发生时间，可以单击关键帧并将其右移或者左移，其他关键帧并不发生改变。

如果要移动整个动画路径在页面中的位置，在【时间轴】面板中首先应该选择整个动画条，然后在页面上拖动对象。Dreamweaver 可以调整所有关键帧的位置，对整个选中的动画条所做的任何类型的改变都将改变所有的关键帧。

12. 将播放头移至第 30 帧的关键帧处，然后在【属性】面板中设置层"xia"的【左】和【上】属性，如图 8-30 所示。

图 8-30　设置层"xia"在第 30 帧关键帧处的位置

13. 将播放头移至第 60 帧的关键帧处，然后在【属性】面板中设置层 "xia" 的【左】和【上】
属性，如图 8-31 所示。

图 8-31　设置层 "xia" 在第 60 帧关键帧处的位置

14. 仍然将播放头置于第 60 帧的关键帧处，然后选择层 "xia" 中的图像
"images/xia1.gif"，并在菜单栏中选择【修改】/【时间轴】/【增加对象到时间轴】
命令，将图像添加到【时间轴】面板，如图 8-32 所示。

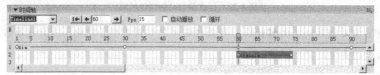

图 8-32　将图像对象添加到时间轴

在图像动画条中显示的名称是在【属性】面板中为图像设置的名称 "xiaoxia"，如果没有对图像进行名称设置，动画条的名称将默认显示为 "Image1"、"Image2" 等。

15. 选中刚添加的动画条，并向左拖动到时间轴的起始处，如图 8-33 所示。

图 8-33　拖动动画条

16. 在【时间轴】面板中拖动动画条 "xiaoxia" 右侧的关键帧到 120 帧处，然后在第 60 帧
处增加一个关键帧，如图 8-34 所示。

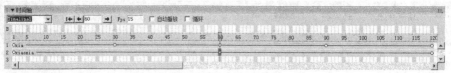

图 8-34　增加关键帧

17. 确认动画条 "xiaoxia" 第 60 帧处的关键帧仍然处于被选中状态，然后在【属性】面板
中将图像的源文件修改为 "images/xia2.gif"，如图 8-35 所示。

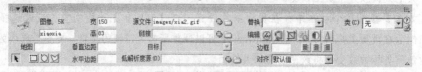

图 8-35　修改图像源文件

18. 最后保存文档，并在浏览器中预览其效果。

在 Dreamweaver 8 和 Dreamweaver CS3 中还保留了时间轴这项功能，但在 Dreamweaver 的后续版本中取消了时间轴功能，并且在 IE9 等浏览器中不再支持 Dreamweaver 时间轴动画。

【知识链接】

可以根据需要在时间轴中添加或删除帧，方法是将播放头移至预添加帧的位置，在菜单栏中选择【修改】/【时间轴】/【添加帧】或【删除帧】命令将在播放头右侧添加或删除 1 帧。如果选定整个动画条，在菜单栏中选择【修改】/【时间轴】/【增加关键帧】命令，将在当前播放头位置添加关键帧。选定某关键帧，在菜单栏中选择【修改】/【时间轴】/【删除关键帧】命令可将当前关键帧删除。

通过时间轴可以改变层的位置，从而产生动画的效果。另外，还可以利用时间轴来改变图像源文件及层的可见性、大小和重叠次序。要改变层的大小，可以拖动层的大小调整手柄或在【属性】面板的【宽】和【高】选项的文本框内输入新的值。要改变层的重叠次序，可以在【Z 轴】选项的文本框内输入新的值或用【层】面板来改变当前层的重叠次序。将这些功能综合利用就可以制作出时隐时现的动画效果。

如果需要创建具有复杂运动路径的动画，一个一个地创建关键帧会花费许多时间。还有一种更加高效而简单的方法可创建复杂运动轨迹的动画，这就是录制层路径功能。首先在菜单栏中选择【修改】/【时间轴】/【录制层路径】命令，然后在文档中拖动层来录制路径，最后在动画要停止的地方释放鼠标左键，Dreamweaver 8 将自动在【时间轴】面板中添加对象，并且较为合理地创建一定数目的关键帧。这时也可以根据实际情况对各关键帧的位置适当进行调整使其更为合理。

项目实训 制作"演员表"网页

本项目主要介绍了使用层和时间轴制作动画的基本方法，本实训将让读者进一步巩固所学的基本知识。

要求：把素材文件复制到站点根文件夹下，然后根据操作提示创建如图 8-36 所示的动画网页。

图 8-36 演员表网页

【操作步骤】
1. 插入层 "PskyLayer"，左边距和上边距均为 "0px"，宽度和高度分别为 "850 像素" 和 "638 像素"，背景图像为 "images/psky.jpg"，溢出为 "hidden"。
2. 在层 "PskyLayer" 中插入一个嵌套层 "YanyuanLayer"，左边距为 "250 像素"，上边距为 "100 像素"，宽度和高度分别为 "300 像素" 和 "250 像素"。

3. 在嵌套层"YanyuanLayer"中插入一个 5 行 3 列宽度为"270 像素"的表格，边距、间距、填充均为"0"，然后对第 1 行单元格进行合并，高度设置为"50 像素"，第 1 列和第 3 列单元格宽度均设置为"90 像素"，高度均设置为"45 像素"，所有单元格水平对齐方式均设置为"居中对齐"，垂直对齐方式均设置为"居中"，最后输入相应的文本。

4. 将层"YanyuanLayer"添加到时间轴，然后选择第 1 帧，在【属性】面板中设置上边距为"700 像素"。

5. 将动画条的最后一个关键帧拖到时间轴的第 150 帧处，然后在【属性】面板中设置上边距为"－650 像素"。

6. 在【时间轴】面板中勾选【自动播放】和【循环】两个复选框，这样可使时间轴动画在页面打开时能够自动循环播放。

 项目小结

　　本项目通过海底探秘网页介绍了使用层布局网页以及使用层和时间轴制作动画的基本方法，同时也让读者对层这个概念有了更进一步的了解。下面将应该注意的问题进行简要总结，以供读者参考。

- 充分理解层与 Div 标签的区别与联系，它们使用同一个 HTML 标签，但它们决不是一个概念。Div 标签是相对定位，层是绝对定位。Div 标签在插入时必须创建相应的 CSS 样式进行控制，但层在插入时立即产生相应的 CSS 样式。Div 标签无法通过【属性】面板设置其 CSS 属性，层可以通过【属性】面板设置层自身的一些属性。Div 标签的功能主要是与 CSS 相结合布局网页，层的主要功能是制作一些特殊效果和时间轴动画，很少有设计者使用层来布局网页。

- 在制作时间轴动画的过程中，当需要改变图像源文件时，最好将图像放在层当中，不要单独改变图像源文件。切换图像源文件会减慢动画速度，因为新图像必须要重新下载。如果图像将被放在层里面，那么在动画运行之前所有的图像将被一次下载完，不会有明显的停顿或者丢失图像现象。

- 如果动画看上去不是很连贯且图像在位置间有跳动时，可以通过拉长动画条使运动效果更平滑。拉长动画条时将在运动的起点与终点间创建更多的数据点，同时也使得对象移动得更慢。

- 在较高版本的浏览器中不一定支持较早版本 Dreamweaver 制作的时间轴动画，毕竟 Dreamweaver 较高版本中也取消了这一功能，同时 Dreamweaver 同一家族中的 Flash 软件制作的动画更专业、更优美，有兴趣的读者可以去学习和研究。

 思考与练习

一、填空题

1. 层的_____属性可以使多个层发生堆叠，也就是多重叠加的效果。

2. 在【层】面板中，按住_____键不放，单击想选择的层可以将多个层选中。

3. 在【CSS 规则定义】对话框的【定位】分类中，将【类型】选项设置为"_____"，即表示层，否则即为 Div 标签，这是层与 Div 标签转换的关键因素。

4. 可以按住_____键，在【层】面板中将某一层拖曳到另一层上面，形成嵌套层。

5. 选定层后，在菜单栏中选择【修改】/_____/【添加对象到时间轴】命令，将层添加到【时间轴】面板。

6. 如果不想让时间轴动画条的各关键帧随着总长度的变化而变化，只要在拖动最后一个关键帧时按住_____键即可。

7. 如果让时间轴动画能够自动循环播放，在【时间轴】面板中必须同时勾选【自动播放】和_____两个复选框。

二、选择题

1. 下面关于创建层的说法错误的有（　　　）。

　　A. 选择菜单栏中的【插入】/【布局对象】/【层】命令

　　B. 将【插入】/【布局】面板上的▤（绘制层）按钮拖曳到文档窗口

　　C. 在【插入】/【布局】面板中单击▤（绘制层）按钮，然后在文档窗口中按住鼠标左键并拖曳

　　D. 在【插入】/【布局】面板中单击▤按钮，然后按住 Shift 键不放，按住鼠标左键并拖曳

2. 关于【层】面板的说法错误的有（　　　）。

　　A. 双击层的名称，可以对层进行重命名

　　B. 单击层后面的数字可以修改层的 z 轴顺序

　　C. 勾选【防止重叠】复选框可以禁止层重叠

　　D. 在层的名称前面有一个"眼睛"图标，单击"眼睛"图标可锁定层

3. 关于选定层的说法错误的有（　　　）。

　　A. 单击文档中的 C 图标来选定层

　　B. 将鼠标光标置于层内，然后在文档窗口底边标签条中选择"<div>"标签

　　C. 单击层的边框线

　　D. 如果要选定两个以上的层，只要按住 Alt 键，然后逐个单击层手柄或在【层】面板中逐个单击层的名称即可

4. 关于移动层的说法错误的有（　　　）。

　　A. 可以使用鼠标进行拖曳

　　B. 可以先选中层然后按键盘上的方向键进行移动

　　C. 可以在【属性】面板的【左】和【上】文本框中输入数值进行定位

　　D. 可以在【属性】面板的【宽】和【高】文本框中输入数值进行定位

5. 依次选中层"layer1"、"layer4"、"layer3"和"layer2"，然后在菜单栏中选择【修改】/【排列顺序】/【左对齐】命令，请问所有选择的层将以"（　　　）"为标准进行对齐。

　　A. layer1　　B. layer2　　C. layer3　　D. layer4

6. 一个层被隐藏了，如果需要显示其子层，需要将子层的可见性设置为（　　　）。

　　A. default　　B. inherit　　C. visible　　D. hidden

7. 时间轴是与（   ）密切相关的一项功能，它可以在 Dreamweaver 中实现动画的效果。

    A. 层   B. 表格   C. 框架   D. 模板

8. 下面关于时间轴的说法错误的有（   ）。

    A. 在菜单栏中选择【窗口】/【时间轴】命令，将打开【时间轴】面板

    B. 在菜单栏中选择【修改】/【时间轴】/【添加对象到时间轴】命令，将层添加到【时间轴】面板

    C. 在【时间轴】的动画条中，可以根据需要增加关键帧，但不能增加帧

    D. 【时间轴】中的动画条可以加长也可以缩短

9. 时间轴是与（   ）密切相关的一项功能，它可以在 Dreamweaver 中实现动画的效果。

    A. 层   B. 表格   C. 框架   D. 模板

三、问答题

1. 层与 Div 标签有什么异同？它们如何相互转换？
2. 如何将对象添加到时间轴？

四、操作题

根据操作提示使用层和时间轴制作图 8-37 所示"飘动的云"动画网页。

图 8-37 "飘动的云"动画网页

【操作提示】

(1) 插入层"LskyLayer"，左边距和上边距均为"0px"，宽度和高度分别为"1024px"和"768px"，背景图像为"images/lsky.jpg"，溢出为"hidden"。

(2) 在层"PskyLayer"中插入一个嵌套层"YunLayer"，左边距为"0px"，上边距为"300px"，宽度和高度分别为"288px"和"56px"。

(3) 在嵌套层"YunLayer"中插入图像文件"images/yun.gif"。

(4) 将层"YunLayer"添加到时间轴，然后选择第 1 帧，在【属性】面板中设置左边距为"0px"，上边距为"300px"。

(5) 将动画条的最后一个关键帧拖到时间轴的第 120 帧处，然后在【属性】面板中设置左边距为"1000px"，上边距为"300px"。

(6) 在动画条的第 60 帧处增加一个关键帧，然后在【属性】面板中设置左边距为"500px"，上边距为"0px"。

(7) 在【时间轴】面板中勾选【自动播放】和【循环】两个复选框，这样可使时间轴动画在页面打开时能够自动循环播放。

项目九

框架——制作林木论坛网页

在制作网页的过程中，如果要将一个浏览器窗口划分为多个区域、每个区域显示不同的网页文档，有没有解决的方法呢？答案当然是肯定的，可以使用框架技术。本项目以图 9-1 所示的论坛网页为例，介绍创建、编辑和保存框架以及设置框架属性的基本方法。在本项目中，首先创建一个"上方固定，左侧嵌套"的框架集，然后再将右侧框架拆分成上下两个框架，并进行相关属性设置。

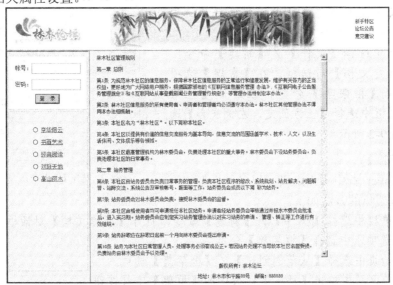

图 9-1　林木论坛网页

学习目标

知道框架和框架集的概念。

学会创建和编辑框架与框架集的方法。

学会设置框架和框架集属性的方法。

学会设置框架中链接目标窗口的方法。

【设计思路】

本项目设计的是林木论坛网页，使用的是框架技术。框架能够将浏览器窗口分割成几个独立的区域，每个区域显示独立的内容。使用框架最常见的情况就是，一个框架显示包含导航控件的文档，而另一个框架显示含有内容的文档。林木论坛网页使用的就是这种设计方法，读者可以仔细体会。

任务一　创建论坛框架网页

框架技术在网页制作中是非常有用的。下面介绍使用框架布局论坛网页的基本方法。

（一）　创建框架

有两个概念必须清楚，一个是框架，另一个是框架集。框架是浏览器窗口中的一个区域，不同的框架可以显示不同的网页文档。框架集是 HTML 文件，它定义一组框架的布局和属性，包括框架的数目、框架的大小和位置以及在每个框架中初始显示的页面的 URL。也就是说，框架集文件将向浏览器提供应如何显示一组框架以及在这些框架中应显示哪些文档的有关信息。当创建框架网页时，Dreamweaver 8 就建立起一个未命名的框架集文件。一个包含 4 个框架的框架集实际上存 5 个文件：一个是框架集文件，其他的分别是包含于各自框架内的文件。下面介绍创建框架网页的基本方法。

【操作步骤】

1. 首先定义一个本地静态站点，然后将素材文件复制到站点根文件夹下。
2. 在菜单栏中选择【文件】/【新建】命令，打开【新建文档】对话框，在【常规】选项卡中选择【框架集】分类，在右侧【框架集】列表框中选择【上方固定，左侧嵌套】选项，如图 9-2 所示。

【知识链接】

Dreamweaver 8 中预先定义了很多种框架集，创建预定义框架集的方法如下。

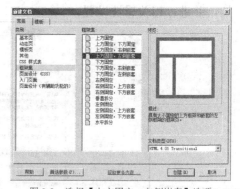

图 9-2　选择【上方固定，左侧嵌套】选项

- 在菜单栏中选择【文件】/【新建】命令，打开【新建文档】对话框，在【常规】选项卡中选择【框架集】分类。
- 在起始页中选择【从范例创建】/【框架集】选项。
- 在当前网页中单击【插入】面板中的【框架】工具按钮。
- 在当前网页中选择菜单栏中的【插入】/【HTML】/【框架】命令。

　　在设定框架后，如果在页面上仍然看不到任何框线时，请选择【查看】/【可视化助理】/【框架边框】命令，确认选项是否被选。

3. 如果在【首选参数】/【辅助功能】设置中已经勾选了【框架】复选项，单击 创建(R) 按钮，这时将弹出【框架标签辅助功能属性】对话框，在【框架】下拉列表中每选择一个框架，就可以在其下面的【标题】文本框中为其指定一个标题名称，如图 9-3 所示。
4. 如果在【首选参数】/【辅助功能】设置中没有勾选【框架】复选项，单击 创建(R) 按钮，将直接创建如图 9-4 所示的框架集。
5. 将鼠标光标置于右下侧的 "mainframe" 框架内，在【插入】/【布局】面板中单击 （底部框架）按钮，如果在【首选参数】/【辅助功能】设置中已经勾选了【框架】复选框，这时仍将弹出【框架标签辅助功能属性】对话框，否则将直接插入一个框架。也可以在菜单栏中选择【修改】/【框架页】/【拆分上框架】或【拆分下框架】命令，将该框架拆分为上下两个框架，如图9-5所示。

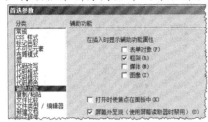

图9-3　【框架标签辅助功能属性】对话框

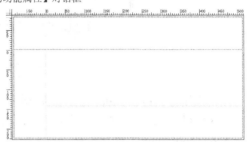

图9-4　创建框架集　　　　　　　　　　　　　　图9-5　拆分框架

【知识链接】

　　虽然 Dreamweaver 8 预先提供了许多框架集，但并不一定满足实际需要，这时就需要在预定义框架集的基础上进行拆分框架的操作或直接手动自定义框架集的结构。

　　在菜单栏中选择【修改】/【框架页】命令，在弹出的子菜单中选择【拆分左框架】、【拆分右框架】、【拆分上框架】或【拆分下框架】命令可以拆分框架。这些命令可以反复用来对框架进行拆分，直至满意为止。

　　在菜单栏中选择【查看】/【可视化助理】/【框架边框】命令显示出当前网页的边框，然后将鼠标光标置于框架最外层边框线上，当鼠标光标变为双箭头时，单击并拖曳鼠标到合适的位置即可创建新的框架。如果将鼠标光标置于最外层框架的边角上，当鼠标光标变为十字箭头时，单击并拖曳鼠标到合适的位置，可以一次创建垂直和水平两条边框，将框架分隔为 4 个框架。如果拖动内部框架的边角，可以一次调整周围所有框架的大小，但不能创建新的框架。如要创建新的框架，可以按住 Alt 键，同时拖曳鼠标，可以对框架进行垂直和水平的分隔。

　　如果在框架集中出现了多余的框架，这时需要将其删除。删除多余框架的方法比较简单，将其边框拖曳到父框架边框上或拖离页面即可。

（二）　保存框架

　　由于一个框架集包含多个框架，每一个框架都包含一个文档，因此一个框架集会包含多个文件。在保存框架网页的时候，不能只简单地保存一个文件，要将所有的框架网页文档都保存下来。下面介绍保存框架网页的基本方法。

【操作步骤】

1.　在菜单栏中选择【文件】/【保存全部】命令，整个框架边框的内侧会出现一个阴影框，同时弹出【另存为】对话框。因为阴影框出现在整个框架集边框的内侧，所以要求保存的是整个框架集，如图 9-6 所示。

图 9-6　保存整个框架集

2. 输入文件名 "index.htm"，然后单击 保存(S) 按钮将整个框架集保存。

3. 接着出现第 2 个【另存为】对话框，要求保存标题为 "bottomFrame" 的框架，输入文件名 "foot2.htm" 进行保存。

4. 接着出现第 3 个【另存为】对话框，要求保存标题为 "mainFrame" 的框架，输入文件名 "main2.htm" 进行保存。

5. 接着出现第 4 个【另存为】对话框，要求保存标题为 "leftFrame" 的框架，输入文件名 "left2.htm" 进行保存。

6. 接着出现第 5 个【另存为】对话框，要求保存标题为 "topFrame" 的框架，输入文件名 "head2.htm" 进行保存。

 此时每一个框架里都是一个空文档，需要像制作普通网页一样进行制作，但常规的做法应该是提前制作好这些页面，到时直接在框架内打开这些文档即可。

7. 将鼠标光标置于顶部框架内，在菜单栏中选择【文件】/【在框架中打开】命令，打开文档 "head.htm"，然后在各个框架内依次打开文档 "left.htm"、"main.htm"、"foot.htm"，如图 9-7 所示。

图 9-7　在框架内打开文档

8. 最后在菜单栏中选择【文件】/【保存全部】命令，再次将文档进行保存。

【知识链接】

在图 9-7 中，当访问者浏览网页时，在顶部框架中显示的文档不会改变。左侧框架导航条包含链接，单击其中某一链接会更改右侧框架的显示内容，但左侧框架本身的内容保持不变。框架不是文件，当前显示在框架中的文档实际上并不是框架的一部分。框架是存放文档的容器，任何一个框架都可以显示任意一个文档。

使用框架具有以下优点。

- 访问者的浏览器不需要为每个页面重新加载与导航相关的图形。
- 每个框架都具有自己的滚动条（如果内容太大，在窗口中显示不下），因此访问者可以独立滚动这些框架。

使用框架具有以下缺点。

- 可能难以实现不同框架中各元素的精确图形对齐。
- 对导航进行测试可能很耗时间。
- 各个带有框架的页面的 URL 不显示在浏览器中，因此访问者可能难以将特定页面设为书签。

如果某一个框架中文档的内容进行了修改，可以选择【文件】/【保存框架】命令进行保存。如果要给框架中的文档改名，可以选择【文件】/【框架另存为】命令进行换名保存。

任务二 设置论坛框架网页

框架网页创建好以后，框架的大小、边框宽度、是否有滚动条等不一定符合实际要求，这就需要对其进行设置。下面介绍通过【属性】面板设置框架集和框架属性的基本方法。

（一） 设置框架集和框架属性

下面对已经创建好的框架集和框架进行属性设置。

【操作步骤】

首先设置框架集属性。

1. 在菜单栏中选择【窗口】/【框架】命令，打开【框架】面板，在面板中单击最外层框架集边框，将整个框架集选中，如图 9-8 所示。在文档窗口中被选择的框架集边框将显示为虚线。

> 在文档窗口中，当鼠标靠近框架集边框且出现上下箭头时，单击整个框架集的边框也可将其选中。

2. 在【属性】面板中设置框架集属性，如图 9-9 所示。

图 9-8 选择整个框架集

图 9-9 设置框架集属性

【知识链接】

框架集【属性】面板各参数的具体含义如下。

- **【边框】**：用于设置是否有边框，其下拉列表框中有"是"、"否"和"默认"3 个选项。选择"默认"选项，将由浏览器端的设置来决定是否有边框。
- **【边框宽度】**：用来设置整个框架集的边框宽度，以"像素"为单位。
- **【边框颜色】**：用来设置整个框架集的边框颜色。
- **【行】或【列】**：显示【行】还是显示【列】，是由框架集的结构决定的。
- **【单位】**：用来设置行、列尺寸的单位，其下拉列表框中有"像素"、"百分比"和"相对"3 个选项。以"像素"为单位时，无论在多大分辨率的浏览器窗口中，显示的框架大小都是一样的。以"百分比"或"相对值"为单位时，框架的尺寸大小将随着浏览器窗口的改变而发生有规律的变化。

3. 在【属性】面板中，单击框架集预览图底部，然后设置相应参数，如图 9-10 所示。

图 9-10　设置框架集属性

以"像素"为单位设置框架大小时，尺寸是绝对的，即这种框架的大小永远是固定的。若网页中其他框架用不同的单位设置框架的大小，则浏览器首先为这种框架分配屏幕空间，再将剩余空间分配给其他类型的框架。

以"百分比"为单位设置框架大小时，框架的大小将随框架集大小按所设的百分比发生变化。在浏览器分配屏幕空间时，它比"像素"类型的框架后分配，比"相对"类型的框架先分配。

以"相对"为单位设置框架大小时，这种类型的框架在前两种类型的框架分配完屏幕空间后再分配，它占据前两种框架的所有剩余空间。

4. 在【框架】面板中单击第 2 层框架集边框，将第 2 层框架集选中，如图 9-11 所示。
5. 设置第 2 层框架集属性，如图 9-12 所示。

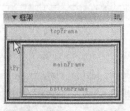

图 9-11　选择第 2 层框架集

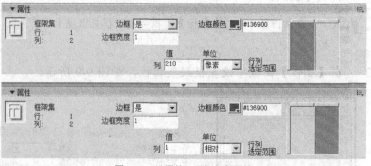

图 9-12　设置第 2 层框架集属性

6. 在【框架】面板中单击第 3 层框架集边框，将第 3 层框架集选中，如图 9-13 所示。
7. 设置第 3 层框架集属性，如图 9-14 所示。

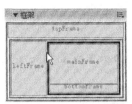

图 9-13 选择第 3 层框架集

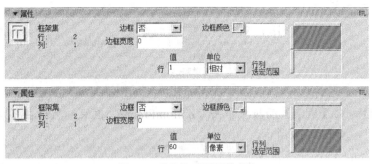

图 9-14 设置第 3 层框架集属性

下面设置各个框架的属性。

8. 在【框架】面板中单击"topFrame"框架或按下 Alt 键，在"topFrame"框架内单击鼠标左键将框架选中，然后在【属性】面板中设置相关参数，如图 9-15 所示。

图 9-15 设置"topFrame"框架属性

【知识链接】

框架【属性】面板各参数的具体含义如下。

- 【框架名称】：用于设置链接指向的目标窗口名称。
- 【源文件】：用于设置框架中显示的页面文件。
- 【边框】：用于设置框架是否有边框，其下拉列表中包括"默认"、"是"和"否"3 个选项。选择"默认"选项，将由浏览器端的设置来决定是否有边框。
- 【滚动】：用来设置是否为可滚动窗口，其下拉列表框中包含"是"、"否"、"自动"和"默认"4 个选项。选择"自动"选项，将根据窗口的显示大小而定。如果内容在窗口中不能全部显示出来，将自动添加滚动条。如果内容在窗口中全部显示出来，将没有滚动条。
- 【不能调整大小】：用来设置在浏览器中是否可以手动设置框架的尺寸大小。
- 【边框颜色】：用来设置框架边框的颜色。
- 【边界宽度】：用来设置左右边界与内容之间的距离，以"像素"为单位。
- 【边界高度】：用来设置上下边框与内容之间的距离，以"像素"为单位。

9. 在【框架】面板中单击"leftFrame"框架，然后在【属性】面板中设置相关参数，如图 9-16 所示。

图 9-16 设置"leftFrame"框架属性

10. 在【框架】面板中单击"mainFrame"框架，然后在【属性】面板中设置相关参数，如图 9-17 所示。

图 9-17　设置"mainFrame"框架属性

11. 在【框架】面板中单击"bottomFrame"框架，然后在【属性】面板中设置相关参数，如图 9-18 所示。

图 9-18　设置"bottomFrame"框架属性

至此，框架集和框架的属性就设置完了。

（二）　设置框架中链接的目标窗口

下面介绍在框架网页中设置超级链接目标窗口的方法。

【操作步骤】

1. 在"leftFrame"框架中选择文本"京华烟云"，然后在【属性】面板的【链接】文本框中定义链接文件为"jinghuayanyun.htm"，在【目标】下拉列表中选择"mainFrame"选项，如图 9-19 所示。

图 9-19　设置框架中链接的目标窗口

2. 运用相同的方法依次设置文本"书画艺术"、"经典阅读"、"对联天地"、"高山丽水"的超级链接，并把目标窗口设置为"mainFrame"。

> 在没有框架的文档中链接目标窗口分为_blank、_parent、_self、_top 4 种形式。在使用框架的文档中增加了与框架有关的目标窗口，可在某框架内使用链接改变另一个框架的内容。

3. 最后在菜单栏中选择【文件】/【保存全部】命令再次保存文件。

（三）　使用浮动框架

浮动框架 iframe 是一种特殊的框架形式，可以包含在许多元素当中。下面介绍在页面中插入浮动框架的方法。

【操作步骤】

1. 将框架"mainFrame"中文本"浮动框架"删除，然后选择【插入】/【标签】命令，打开【标签选择器】对话框，展开【HTML 标签】分类，在右侧列表中找到并选中"iframe"，如图 9-20 所示。

2. 单击 插入 (I) 按钮打开【标签编辑器-iframe】对话框进行参数设置，如图 9-21 所示。

图 9-20 【标签选择器】对话框   图 9-21 【标签编辑器-iframe】对话框

下面对标签 iframe 各项参数的含义简要说明如下。

- 【源】: 浮动框架中要显示的文档的路径和文件名称。
- 【名称】: 浮动框架的名称, 如果通过超级链接改变该框架内的内容, 此时超级链接的打开目标窗口名称就应该设置为该框架的名称。
- 【宽度】和【高度】: 浮动框架的尺寸, 有像素和百分比两种单位。
- 【边距宽度】和【边距高度】: 浮动框架内元素与边界的距离。
- 【对齐】: 浮动框架与其周围元素的对齐方式。
- 【滚动】: 浮动框架页的滚动条显示状态。
- 【显示边框】: 浮动框架的外边框显示与否。

3. 单击 确定 按钮返回到【标签选择器】对话框, 单击 关闭(C) 按钮关闭该对话框, 效果如图 9-22 所示。

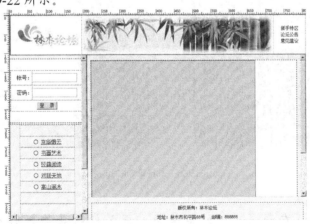

图 9-22 插入 iframe

（四） 编辑无框架内容

有些浏览器不支持框架技术, Dreamweaver 提供了解决这种问题的方法, 即编辑 "无框架内容", 以使不支持框架的浏览器也可以显示无框架内容。下面介绍具体设置方法。

【操作步骤】

1. 选择【修改】/【框架页】/【编辑无框架内容】命令, 进入【无框架内容】窗口, 在其中输入提示文本，如图 9-23 所示。

图 9-23 编辑无框架内容

2. 选中文本"进入无框架网页"，在【属性】面板中将其链接目标文件设置为 "noframe.htm"，如图 9-24 所示。

图 9-24 设置超级链接

3. 设置完毕后，再次选择【修改】/【框架集】/【编辑无框架内容】命令退出【无框架内容】编辑窗口。

4. 最后保存所有文档。

项目实训 制作"竹子夜谈"网页

本项目主要介绍了使用框架布局网页的基本方法，本实训将让读者进一步巩固所学的基本知识。

要求： 把素材文件复制到站点根文件夹下，然后根据操作提示制作如图 9-25 所示的网页。

图 9-25 社区论坛网页

【操作步骤】

1. 首先创建一个"右侧固定"的框架集，框架标题名称分别为"rightFrame"和 "mainFrame"，并将最外层框架集保存为"shixun.htm"。

2. 在左侧框架中打开网页文档"main.htm"，在右侧框架中打开网页文档"right.htm"。

3. 设置框架集属性。设置整个框架集右列的宽度为"210 像素"，边框设置为"否"，边框宽度为"0"。左列的宽度为"1"，单位为"相对"，边框设置为"否"，边框宽度为"0"。

4. 设置框架属性。设置"rightFrame"框架滚动条为"自动"，不能调整大小， "mainFrame"框架滚动条设置为"默认"，能调整大小。

5. 最后保存文件。

项目小结

本项目以论坛网页为例，介绍了创建和保存框架网页以及设置框架集和框架属性的基本方法。通过本项目的学习，读者应该掌握创建框架页面的基本方法，还要了解在什么情况下使用框架以及根据不同的情况设置框架集和框架的属性。另外，还要掌握在框架中超级链接目标窗口的设置方法，针对不支持框架技术的浏览器编辑无框架内容网页的方法以及在网页中插入浮动框架的方法等。

思考与练习

一、填空题

1. 一个包含 4 个框架的框架集实际上存在_____个文件。

2. 按下_____键，在欲选择的框架内单击鼠标左键可将其选中。

3. 框架集是用_____标识，框架是用 frame 标识。

4. _____框架是一种较为特殊的框架形式，可以包含在许多元素当中。

5. 只有显示框架集的边框，才能设置边框的以下属性：宽度和_____。

二、选择题

1. 下面关于创建框架网页的描述错误的是（　　）。

    A. 在【起始页】中选择【从范例创建】/【框架集】命令

    B. 在当前网页中单击【插入】面板中的【框架】工具按钮

    C. 在菜单栏中选择【查看】/【可视化助理】/【框架边框】命令，显示当前网页的边框，然后手动设计

    D. 在菜单栏中选择【文件】/【新建】/【基本页】命令

2. 将一个框架拆分为上下两个框架，并且使源框架的内容处于下方的框架，应该选择的命令是（　　）。

    A.【修改】/【框架页】/【拆分上框架】

    B.【修改】/【框架页】/【拆分下框架】

    C.【修改】/【框架页】/【拆分左框架】

    D.【修改】/【框架页】/【拆分右框架】

3. 下面关于框架的说法正确的有（　　）。

    A. 可以对框架集设置边框宽度和边框颜色

    B. 框架大小设置完毕后不能再调整大小

    C. 可以设置框架集的边界宽度和边界高度

    D. 框架集始终没有边框

4. 框架集所不能确定的框架属性是（　　）。

    A. 框架的大小　　B. 边框的宽度　　C. 边框的颜色　　D. 框架的个数

5. 框架所不能确定的框架属性是（　　）。

    A. 滚动条　　　　　B. 边界宽度　　　　　C. 边框颜色　　　　　D. 框架大小

三、问答题

1. 如何删除不需要的框架？

2. 如何选取框架集？

四、操作题

根据操作提示创建如图 9-26 所示的框架网页。

海水浴场

青岛第一海水浴场位于青岛市汇泉湾内。青岛的气候冬暖夏凉，尤其是夏天，最高气温超过30度的日子没有几天。青岛有亚洲最大的沙滩浴场--第一海水浴场，可同时容纳几万人游泳，1997年的最高纪录是一天有35万人次到这里游泳，青岛人管游泳叫洗海澡。第一海水浴场位于汇泉湾，又称汇泉海水浴场。1984年，青岛市对汇泉海水浴场进行了大规模改建。改建后，建筑面积由原来7000平方米扩展到20000平方米。新建造型各异，新颖别致、色彩斑斓的更衣室百余座，一时成为市民和游客瞩目的景观。沙滩面积由原来的1.18公顷扩大到2.4公顷。

海水浴场　　崂山风情　　八大关

图 9-26　框架网页

【操作提示】

(1) 首先创建一个"下方固定"的框架网页，框架名称保持默认。

(2) 将框架集文件单独保存为"lianxi.htm"。

(3) 在下方框架中打开文档"daoyou.html"，在上方框架中打开文档"hsyc.html"。

(4) 将文本"海水浴场"、"崂山风情"、"八大关"的超级链接目标文件分别设置为"hsyc.html"、"lsh.html"、"bdg.html"，目标窗口名称为上方框架的名称"mainFrame"。

(5) 保存文件。

项目十

库和模板——制作职业学校主页

在 Dreamweaver 8 中，可以使用库和模板来统一网站风格，提高工作效率。本项目以图 10-1 所示职业学校主页为例，介绍使用库和模板制作网页的基本方法。在项目中，首先制作库项目页眉和页脚，然后制作模板，最后根据模板制作主页。

图 10-1 职业学校主页

 学习目标

知道库和模板的概念。

学会【资源】面板的使用方法。

学会创建和应用库的方法。

学会创建和应用模板的方法。

学会在模板中插入模板对象的方法。

【设计思路】

本项目设计的是职业学校主页，页面布局和栏目设计符合学校网页的特点。在网页制作过程中，网页按照页眉、主体和页脚的顺序进行制作。页眉以学校建筑为背景展示了学校名称、办学理念以及栏目导航，主体部分展示了孔子图像、校园新闻、校园通告等内容，页脚展示了版权信息和学校地址，当然也可以根据实际需要添加更多的内容。总之，页面布局清晰合理，颜色选配和内容设置恰当，充分体现了学校的办学特色和精神风貌。

任务一 制作库

如果在一个站点的众多网页中，有些内容是完全相同的，就没有必要在每一页重复制作这些内容。在 Dreamweaver 中，可以将众多网页相同的某一部分内容做成库项目，然后将库项目插入到网页中。当需要修改时，只需修改库项目，使用库项目的网页就会自动进行更新，这样即省时又省力。本任务主要是创建和编排库项目。

（一） 创建库项目

在 Dreamweaver 中，创建的库项目的文件扩展名为".lbi"，保存在"Library"文件夹内，"Library"文件夹是自动生成的，不能对其名称进行修改。下面介绍在【资源】面板中创建库项目的方法。

【操作步骤】

1. 首先定义一个本地静态站点，然后将素材文件复制到站点根文件夹下。
2. 在菜单栏中选择【窗口】/【资源】命令，打开【资源】面板。在【资源】面板中单击 📖（库）按钮，切换至【库】分类。
3. 单击【资源】面板右下角的 🔁（新建）按钮，新建一个库，然后在列表框中输入库的名称"top"，并按 Enter 键确认。
4. 使用同样的方法创建名称为"foot"的库项目，如图 10-2 所示。

图 10-2 新建库并命名

【知识链接】

【资源】面板将网页的元素分为 9 类，面板的左边垂直排列着 🖼️（图像）、▦（颜色）、🔖（URLs）、🎬（Flash）、▥（Shockwave）、🎞️（影片）、📜（脚本）、📄（模板）和 📖（库）9 个按钮，每一个按钮代表一大类网页元素。面板的右边是列表区，分为上栏和下栏，上栏是元素的预览图，下栏是明细列表。

在【库】和【模板】分类的明细列表栏的下面依次排列着 [插入]（或 [应用]）、🔁（刷新站点列表）、🔁（新建）、✏️（编辑）和 🗑️（删除）5 个按钮。单击面板右上角的 ☰ 按钮将弹出一个菜单，其中包括【资源】面板的一些常用命令。

创建库项目有两种形式，即直接创建空白库项目和从已有的网页创建库项目。

(1) 直接创建空白库项目。

在【资源】面板中切换到【库】分类，然后单击【资源】面板右下角的 🔁 按钮来创建空白库项目；也可以在菜单栏中选择【文件】/【新建】命令，打开【新建文件】对话框，然后选择【常规】/【基本页】/【库项目】命令来创建空白库项目。创建空白库项目后，还需要打开库项目，在其中添加内容，就像平时制作网页一样，没有本质性的区别。

(2) 从已有的网页创建库项目。

首先打开一个已有的文档，从中选择要保存为库项目的对象，如表格、图像等，然后在菜单栏中选择【修改】/【库】/【增加对象到库】命令，或在【资源】面板的【库】分类模式下，单击右下角的 ⊡ 按钮，该对象即被添加到库项目列表中，库项目名为系统默认的名称，修改名称后按 Enter 键确认即可。

如果要删除库项目，只要先选中该项目，然后单击【资源】面板右下角的 🗑 按钮或按 Delete 键即可。

（二） 编排库项目

下面介绍在【资源】面板中打开库项目添加内容的方法。

【操作步骤】

首先编排页眉库项目的内容。

1. 选中库项目 "head" 并单击【资源】面板右下角的 ✎ 按钮或双击打开库项目。
2. 插入一个 2 行 9 列的表格，表格 Id 为 "head"，其属性参数设置如图 10-3 所示。

图 10-3 表格属性参数设置

3. 将第 2 行第 1 个单元格的宽度和高度分别设置为 "80" 和 "35"，第 2～8 个单元格的宽度均设置为 "90"，水平对齐方式均设置为 "居中对齐"。
4. 在单元格中依次输入相应的文本并暂时添加空链接，效果如图 10-4 所示。

图 10-4 输入文本

5. 创建超级链接高级 CSS 样式 "#head a:link, #head a:visited"，并保存在样式表文件 "school.css 中"，如图 10-5 所示。

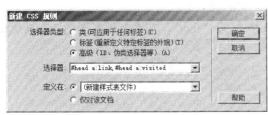

图 10-5 创建高级 CSS 样式 "#head a:link,#head a:visited"

6. 单击 保存(S) 按钮，打开【CSS 规则定义】对话框，参数设置如图 10-6 所示，

图 10-6　设置 CSS 样式

7.　接着创建超级链接高级 CSS 样式 "#head a:hover"，参数设置如图 10-7 所示。

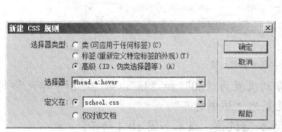
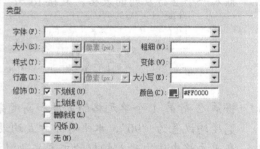

图 10-7　设置 CSS 样式

8.　保存所有文件，超级链接效果如图 10-8 所示。

图 10-8　超级链接效果

下面编排页脚库项目的内容。

9.　在【资源】面板中打开库项目 "foot.lbi"，然后单击【CSS 样式】面板底部的 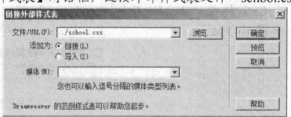 按钮，打开【链接外部样式表】对话框，链接外部样式表文件 "school.css"，如图 10-9 所示。

图 10-9　【链接外部样式表】对话框

10.　在文档中插入一个 1 行 1 列的表格，表格 Id 为 "foot"，其参数设置如图 10-10 所示。

图 10-10　表格属性参数设置

11.　设置单元格文本对齐方式为 "居中对齐"，然后在单元格中输入相应文本。

12. 创建高级 CSS 样式 "#foot p"，参数设置如图 10-11 所示。

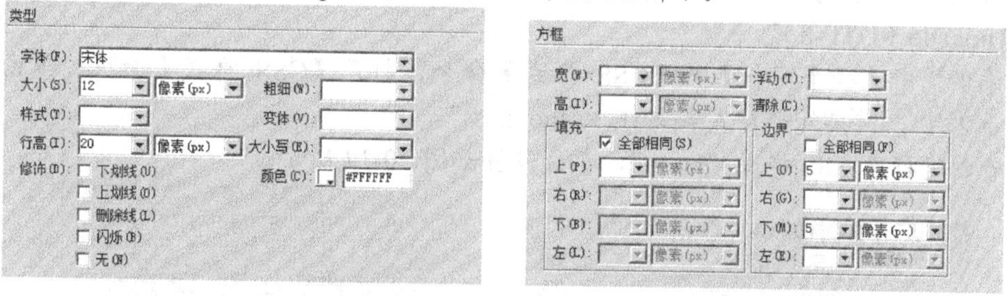

图 10-11 设置 CSS 样式

13. 保存文档，效果如图 10-12 所示。

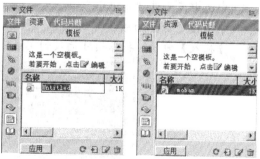

图 10-12 页脚库项目

【知识链接】

在库项目中使用 CSS 样式时，尽量不要使用"标签"类型的 CSS 样式，因为 HTML 标签类型的 CSS 样式定义后，所有引用该样式表的文档中只要有该 HTML 标签，该样式就要自动起作用，容易引起混乱。

任务二 制作模板

通常在一个站点的众多网页中，有许多网页的结构是相同的，这时就没有必要一页一页地重复制作这些网页。在 Dreamweaver 中，可以将网页结构相同的网页做成库模板，然后通过模板创建网页。当模板修改时，使用模板的网页也会自动进行更新。如果说库项目解决的是网页内容相同的问题，那么模板解决的恰恰是网页结构相同的问题。下面介绍制作网页模板的基本方法。本任务主要是创建和编排模板。

（一） 创建模板

在 Dreamweaver 中，创建的模板文件的文件扩展名为".dwt"，保存在"Templates"文件夹内，"Templates"文件夹是自动生成的，不能对其名称进行修改。下面介绍在【资源】面板中创建模板文件的方法。

【操作步骤】

1. 打开【资源】面板，单击 按钮，切换至【模板】分类。

2. 单击面板右下角的 按钮，在列表框中输入模板的新名称"moban"，并按 Enter 键确认，如图 10-13 所示。

3. 双击模板文件"moban.dwt"，或者先选中模板文件"moban.dwt"，再单击【资源】面板右下角的 按钮，打开模板文件。

图 10-13 创建模板文件

4. 在菜单栏中选择【修改】/【页面属性】命令，打开【页面属性】对话框，并切换到

【标题/编码】分类，将浏览器标题设置为"黄岩职业技术学校"，将编码设置为
"Unicode（UTF-8）"。

5. 在菜单栏中选择【窗口】/【CSS 样式】命令，打开【CSS 样式】面板，单击右下角
的 ⊜ 按钮，链接外部样式表文件"school.css"。

6. 接着创建标签 CSS 样式"body"，参数设置如图 10-14 所示。

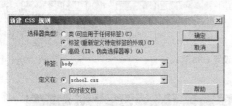

图 10-14　创建标签 CSS 样式"body"

【知识链接】

创建模板也有两种方法，即直接创建空白模板和将现有网页保存为模板。

(1) 直接创建空白模板。

在【资源】面板中切换到【模板】分类，然后单击【资源】面板右下角的 ⊕ 按钮来创
建空白模板；也可以在菜单栏中选择【文件】/【新建】命令，打开【新建文件】对话框，
然后选择【常规】/【模板页】/【HTML 模板】命令来创建空白模板。创建空白模板
后，还需要打开模板文件，在其中添加网页元素和模板对象。

(2) 将现有网页保存为模板。

首先打开一个已有内容的网页文档，根据实际需要在网页中选择网页元素，并将其转换
为模板对象，然后在菜单栏中选择【文件】/【另存为模板】命令，将其保存为模板。

如果要删除模板，只要先选中该模板，然后单击【资源】面板右下角的 🗑 按钮或按
Delete 键即可。

（二）　插入库项目

下面介绍在模板中插入库项目的方法。

【操作步骤】

1. 将鼠标光标置于模板文档中，然后在【资源】面板中切换至【库】分类，并在列表框
中选中库文件"head.lbi"。

2. 单击【资源】面板底部的 插入 按钮，或者单击鼠标右键，在弹出的快捷菜单中选择
【插入】命令，将库项目插入到模板中，如图 10-15 所示。

图 10-15　插入库项目

3. 利用相同的方法将页脚库项目也插入到模板中。

【知识链接】

库项目是可以在多个页面中重复使用的页面元素。在使用库项目时，Dreamweaver 不是向网页中插入库项目，而是向库项目中插入一个链接，【属性】面板的 "Src/Library/top.lbi" 可以清楚地说明这一点。

在网页中引用的库项目无法直接进行修改，如果要修改库项目，需要直接打开库项目进行修改。打开库项目的方式通常有两种：一种是在【资源】面板中打开库项目，另一种是在引用库项目的网页中选中库项目，然后在【属性】面板中单击[打开]按钮，打开库项目。在库项目被打开修改且保存后，通常引用该库项目的网页会自动进行更新。如果没有进行自动更新，可以在菜单栏中选择【修改】/【库】/【更新当前页面】或【更新页面】命令进行更新。

在【属性】面板中单击[从源文件中分离]按钮，可将库项目的内容与库文件分离，分离后库项目的内容将自动变成网页中的内容，网页与库项目不再有关联。

（三）　插入模板对象

在模板中，比较常用的模板对象有重复区域、可编辑区域和重复表格。下面介绍在模板中插入重复区域、可编辑区域和重复表格的方法。

【操作步骤】

1. 单击页眉库项目，然后在菜单栏中选择【插入】/【表格】命令，在页眉库项目的下面插入一个 1 行 2 列的表格，表格 Id 为 "main"，其他参数设置如图 10-16 所示。

图 10-16　表格属性设置

2. 将表格两个单元格的水平对齐方式均设置为 "居中对齐"，垂直对齐方式均设置为 "顶端"，然后将第 1 个单元格的宽度设置为 "500"。

3. 创建高级 CSS 样式 "#main td"，参数设置如图 10-17 所示。

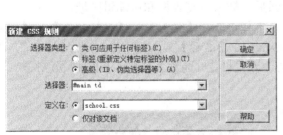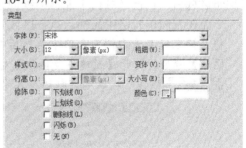

图 10-17　定义 CSS 高级样式 "#main"

下面在左侧单元格中先插入重复区域，然后在重复区域中再插入可编辑区域。

4. 将鼠标光标置于左侧单元格中，然后在菜单栏中选择【插入】/【模板对象】/【重复区域】命令，打开【新建重复区域】对话框。在【名称】文本框中输入 "左侧栏目"，单击[确定]按钮，在单元格内插入名称为 "左侧栏目" 的重复区域，如图 10-18 所示。

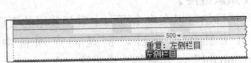

图 10-18　插入重复区域

　也可以在【插入】／【常用】／【模板】面板中单击 （重复区域）按钮，打开【新建重复区域】对话框，将当前选定的区域设置为重复区域。

【知识链接】

重复区域是指可以复制任意次数的指定区域。重复区域不是可编辑区域，若要使重复区域中的内容可编辑，必须在重复区域内插入可编辑区域或重复表格。在一个重复区域内可以继续插入另一个重复区域。整个被定义为重复区域的部分都可以被重复使用。

5. 将重复区域内的文本删除，然后在菜单栏中选择【插入】／【模板对象】／【可编辑区域】命令，打开【新建可编辑区域】对话框。在【名称】文本框中输入"栏目内容"，然后单击 确定 按钮，插入可编辑区域，如图 10-19 所示。

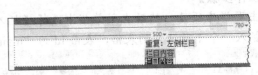

图 10-19　插入可编辑区域

　也可在【插入】／【常用】／【模板】面板中单击 （可编辑区域）按钮，打开【新建可编辑区域】对话框，插入或者将当前选定区域设为可编辑区域。

【知识链接】

可编辑区域是指可以对其进行添加、修改和删除网页元素等操作的区域。当创建了一个可编辑区域后，在该区域内不能再继续创建可编辑区域。

下面在右侧单元格中先插入重复区域，然后再插入重复表格和可编辑区域。

6. 将鼠标光标置于右侧单元格中，然后在菜单栏中选择【插入】／【模板对象】／【重复区域】命令，打开【新建重复区域】对话框。在【名称】文本框中输入"右侧栏目"，单击 确定 按钮，在单元格内插入名称为"右侧栏目"的重复区域，如图 10-20 所示。

图 10-20　插入重复区域

7. 将重复区域内的文本删除，然后在菜单栏中选择【插入】／【模板对象】／【重复表格】命令，插入一个重复表格，如图 10-21 所示。

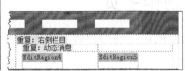

图 10-21　插入重复表格

 也可以在【插入】／【常用】／【模板】面板中单击 圖 （重复表格）按钮，打开【插入重复表格】对话框，在当前区域插入重复表格。

【知识链接】

重复表格是指包含重复行的表格格式的可编辑区域，可以定义表格的属性并设置哪些单元格可编辑。如果在对话框中不设置单元格边距、单元格间距和边框的值，则大多数浏览器按【单元格边距】为"1"、【单元格间距】为"2"、【边框】为"1"显示表格。【插入重复表格】对话框的上半部分与普通的表格参数没有什么不同，重要的是下半部分的参数。

- 【重复表格行】：指定表格中的哪些行包括在重复区域中。
- 【起始行】：设置重复区域的第 1 行。
- 【结束行】：设置重复区域的最后 1 行。
- 【区域名称】：设置重复表格的名称。

重复表格可以被包含在重复区域内，但不能被包含在可编辑区域内。另外，不能将选定的区域变成重复表格，只能插入重复表格。

8. 单击可编辑区域名称"EditRegion4"将其选择，在【属性】面板中将其名称修改为"标识"，按照同样的方法修改可编辑区域名称"EditRegion5"为"内容"，如图 10-22 所示。

图 10-22　修改可编辑区域名称

9. 将"标识"所在单元格的水平对齐方式设置为"居中对齐"，高度设置为"25"，将"内容"所在单元格的水平对齐方式设置为"左对齐"，宽度设置为"235"。

10. 将重复表格的第 1 行两个单元格进行合并，设置其水平对齐方式为"左对齐"，高度为"50"，然后在其中插入一个可编辑区域，如图 10-23 所示。

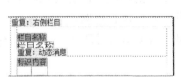

图 10-23　插入可编辑区域

【知识链接】

修改模板对象的名称可通过【属性】面板进行。这时首先需要选择模板对象，方法是单击模板对象的名称或者将鼠标光标定位在模板对象处，然后在工作区下面选择相应的标签，在选择模板对象时会显示其【属性】面板，在【属性】面板中修改模板对象名称即可。

至此，模板就制作完成了。

 任务三 制作主页

创建模板的目的在于使用模板生成网页，下面介绍通过模板生成网页的方法。

【操作步骤】

1. 在菜单栏中选择【文件】/【新建】命令，打开【从模板新建】对话框。切换至【模板】选项卡，选择已经创建的主页模板 "moban.dwt"，然后勾选【从模板新建】对话框右侧下面的【当模板改变时更新页面】复选框，以保证模板改变时更新基于模板的页面，如图 10-24 所示。

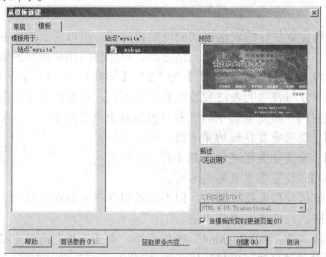

图 10-24　【从模板新建】对话框

> 如果在 Dreamweaver 中已经定义了多个站点，这些站点会依次显示在【模板用于】列表框中，在列表框中选择一个站点，在右侧的列表框中就会显示这个站点中的模板。

【知识链接】

通过模板生成的网页，在模板更新时可以对站点中所有应用同一模板的网页进行批量更新，这就要求在【从模板新建】对话框中勾选【当模板改变时更新页面】复选框。如果页面没有更新，可以在菜单栏中选择【修改】/【模板】/【更新当前页】或【更新页面】命令对由模板生成的网页进行更新。

2. 单击 ┃创建(R)┃ 按钮创建基于模板的文档，然后将文档保存为 "index.htm"，如图 10-25 所示。

3. 单击 "重复：左侧栏目" 后面的 ⊞ 按钮，再添加一个栏目，然后分别将两个栏目中的文本删除，分别插入一个 1 行 1 列的表格，宽度为 "100%"，填充、间距和边框均为 "0"，并设置单元格的对齐方式为 "居中对齐"。

4. 在上面栏目的单元格中插入图像 "images/kz.jpg"，在下面栏目的单元格中输入相应文本，如图 10-26 所示。

图 10-25　由模板生成的网页

图 10-26　添加内容

说明　单击+按钮可以添加一个重复栏目。如果要删除已经添加的重复栏目，可以先选择该栏目，然后单击-按钮。

5. 单击"重复：右侧栏目"后面的+按钮，再添加一个栏目，然后分别将两个栏目中的第1 行单元格中的文本"栏目名称"删除，分别插入图像"images/news.gif"和"images/notice.gif"，如图 10-27 所示。

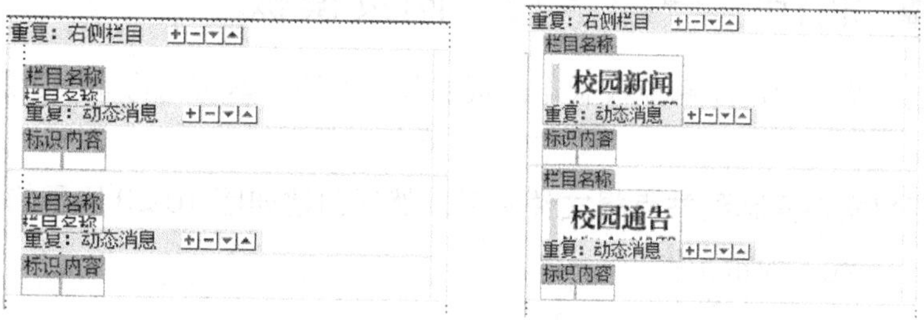

图 10-27　添加栏目

6. 单击"校园新闻"中的"重复：动态消息"后面的+按钮 5 次，添加 5 个重复的行，然后添加相应的文本内容。按照相同的方法在"校园通告"中添加重复的行和相应的文本内容，如图 10-28 所示。

图 10-28　添加内容

7.　最后保存文件并在浏览器中预览其效果。

【知识链接】

使用模板创建网页的方式通常有以下两种。

(1)　从模板新建网页。

在菜单栏中选择【文件】/【新建】命令，打开【新建文档】对话框，切换至【模板】选项卡，选择已创建的模板；也可以在【资源】面板中切换到【模板】分类，在模板列表中用鼠标右键单击需要的模板，在弹出的快捷菜单中选择【从模板新建】命令，基于模板的新文档即会在文档窗口中打开。

(2)　在已存在页面应用模板。

首先打开要应用模板的网页文档，然后在菜单栏中选择【修改】/【模板】/【套用模板到页】命令，或在【资源】面板的模板列表框中选中要应用的模板，再单击面板底部的 应用 按钮即可应用模板。如果已打开的文档是一个空白文档，文档将直接应用模板；如果打开的文档是一个有内容的文档，这时通常会打开一个【不一致的区域名称】对话框。该对话框会提示读者将文档中的已有内容放在模板的什么区域。

另外，还可通过【从模板中分离】命令将使用模板的网页脱离模板，脱离模板后，模板中的内容将自动变成网页中的内容，网页与模板不再有关联。

项目实训　制作"一翔学校"网页模板

本项目主要介绍了使用库和模板制作网页的基本方法，本实训将让读者进一步巩固所学的基本知识。

要求：将素材文件复制到站点根文件夹下，然后创建如图 10-29 所示的网页。

图 10-29　网页模板

【操作步骤】

1. 创建页眉库文件"yxtop.lbi"，在其中插入一个 1 行 1 列、宽为"780 像素"的表格，填充、间距和边框均为"0"，表格对齐方式为"居中对齐"，然后在单元格中插入"image"文件夹下的图像文件"logo.gif"。

2. 创建页脚库文件"yxfoot.lbi"，在其中插入一个 1 行 1 列、宽为"780 像素"的表格，填充、间距和边框均为"0"，表格对齐方式为"居中对齐"。设置单元格水平对齐方式为"居中对齐"，垂直对齐方式为"居中"，单元格高度为"30"，然后输入文本。

3. 创建模板文件"shixun.dwt"，设置页边距均为"0"，文本大小为"12 像素"，然后插入页眉和页脚两个库文件。

4. 在页眉和页脚中间插入一个 1 行 2 列、宽为"780 像素"的表格，填充、间距和边框均为"0"，表格对齐方式为"居中对齐"。

5. 设置左侧单元格的水平对齐方式为"居中对齐"，垂直对齐方式为"顶端"，宽度为"160 像素"，并在左侧单元格中插入名称为"导航栏"的重复区域，将重复区域中的文本删除，然后插入一个 1 行 1 列、宽为"90%"的表格，填充和边框均为"0"，间距为"5"。

6. 设置所有单元格的水平对齐方式为"居中对齐"，垂直对齐方式为"居中"，单元格高度为"25"，背景颜色为"#CCCCCC"，然后在单元格中插入名称为"导航名称"的可编辑区域。

7. 设置右侧单元格的水平对齐方式为"居中对齐"，垂直对齐方式为"居中"，在其中插入名称为"内容"的重复表格，如图 10-30 所示。然后把重复表格两个单元格中的可编辑区域的名称分别修改为"标题行"和"内容行"。

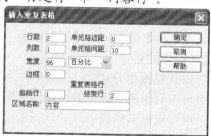

图 10-30　插入重复表格

 项目小结

　　本项目以创建学校主页为例，介绍了库和模板的创建、编辑和应用方法。通过本项目的学习，读者应该掌握使用库和模板创建网页的方法，特别是模板中可编辑区域、重复表格和重复区域的创建和应用。需要注意的是，单独使用模板对象重复区域没有实际意义，只有将其与可编辑区域或重复表格一起使用才能发挥其作用。另外，在模板中，如果将可编辑区域、重复表格或重复区域的位置指定错了，可以将其删除进行重新设置。选取需要删除的模板对象，然后在菜单栏中选择【修改】/【模板】/【删除模板标记】命令或按 Delete 键即可。

思考与练习

一、填空题

1. 创建的库文件保存在_____文件夹内。

2. 创建的模板文件保存在_____文件夹。

3. 模板中的_____是指可以任意复制的指定区域，但单独使用没有意义。

4. 模板中的_____是指可以进行添加、修改和删除网页元素等操作的区域，在该区域内不能再插入可编辑区域。

5. 模板中的_____是指可以创建包含重复行的表格格式的可编辑区域。

二、选择题

1. 库文件的扩展名为（   ）。

    A．.htm   B．.asp   C．.dwt   D．.lbi

2. 以下关于库的说法，错误的是（   ）。

    A．插入到网页中的库可以从网页中分离

    B．可以直接修改插入到网页中的库的内容

    C．对库内容进行修改后通常会自动更新插入了库的网页

    D．选择【修改】/【库】/【更新页面】命令，对添加了库的页面进行更新

3. 模板文件的扩展名为（   ）。

    A．.htm   B．.asp   C．.dwt   D．.lbi

4. 对模板和库项目的管理主要是通过（   ）。

    A．【资源】面板 B．【文件】面板 C．【层】面板   D．【行为】面板

5. 以下关于模板的说法，错误的是（   ）。

    A．应用模板的网页可以从模板中分离

    B．在【资源】面板中可以利用所有站点的模板创建网页

    C．在【资源】面板中可以重命名模板

    D．对模板进行修改后通常会自动更新应用了该模板的网页

三、问答题

1. 库和模板的主要作用是什么？

2. 常用的模板对象有哪些？如何理解这些模板对象？

四、操作题

根据操作提示使用库和模板制作图10-31所示网页模板。

图10-31　网页模板

【操作提示】

(1) 创建页眉库文件"top_yx.lbi"，在其中插入一个 1 行 1 列、宽为"780 像素"的表格，填充、间距和边框均为"0"，表格对齐方式为"居中对齐"，然后在单元格中插入"image"文件夹下的图像文件"logo_yx.gif"。

(2) 创建页脚库文件"foot_yx.lbi"，在其中插入一个 2 行 1 列、宽为"780 像素"的表格，填充、间距和边框均为"0"，表格对齐方式为"居中对齐"。设置单元格水平对齐方式为"居中对齐"，垂直对齐方式为"居中"，单元格高度为"25"，然后输入相应的文本。

(3) 创建模板文件"lianxi.dwt"，设置页边距均为"0"，文本大小为"12 像素"，然后插入页眉和页脚两个库文件。

(4) 在页眉和页脚中间插入一个 1 行 3 列、宽为"780 像素"的表格，填充、间距和边框均为"0"，表格对齐方式为"居中对齐"，然后设置所有单元格的水平对齐方式为"居中对齐"，垂直对齐方式为"顶端"，其中左侧和右侧单元格的宽度均为"180 像素"。

(5) 在左侧单元格插入名称为"左侧栏目"的可编辑区域。

(6) 在中间单元格插入名称为"中间栏目"的重复表格，如图 10-32 所示。然后把重复表格两个单元格中的可编辑区域的名称分别修改为"标题行"和"内容行"，并设置标题行单元格的高度为"25"，背景颜色为"#CCFFFF"。

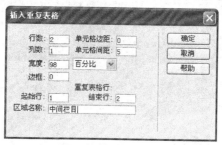

图 10-32　插入重复表格

(7) 在右侧单元格插入名称为"右侧栏目"的重复区域，删除重复区域中的文本，然后在其中插入一个 1 行 1 列的表格，表格宽度为"98%"，填充和边框均为"0"，间距为"2"，最后在单元格插入名称为"右侧内容"的可编辑区域。

(8) 保存模板，然后使用该模板创建一个网页文档，内容由读者自由添加。

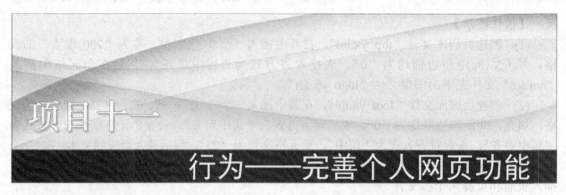

项目十一

行为——完善个人网页功能

行为是 Dreamweaver 内置的脚本程序，能够为网页增添许多效果，如弹出式菜单、弹出信息、打开浏览器新窗口等。本项目以图 11-1 所示的个人网页为例，介绍使用行为完善网页功能的基本方法。在本项目中，首先设置页眉部分的状态栏文本、弹出式菜单行为，然后设置主体部分的打开浏览器窗口、交换图像、弹出信息以及控制 Shockwave 或 Flash 等行为。

图 11-1　个人网页

学习目标

了解行为的基本概念。
了解常用事件的含义。
学会添加、修改和删除行为的方法。
学会在网页制作中应用行为的基本方法。

【设计思路】

本项目设计的是个人主页，个人主页通常会根据个人的喜好进行页面布局和栏目设计。在网页制作过程中，个人主页按照页眉、主体和页脚的顺序进行制作。页眉展示了主页名称和欢迎语，主体部分展示了具体的栏目、Flash 动画、个人图片等内容，页脚展示了版权信息、地址、联系方式等。总之，页面布局和内容设置给人耳目一新的感觉。

任务一 设置页眉中的行为

下面设置页眉部分使用的行为，包括【状态栏文本】行为和【弹出式菜单】行为。

（一） 设置状态栏文本

状态栏文本是指显示在浏览器状态栏中的文本，下面介绍设置方法。

【操作步骤】

1. 首先定义一个本地静态站点，然后将素材文件复制到站点根文件夹下，并打开网页文件"index.htm"。

2. 在菜单栏中选择【窗口】/【行为】命令，打开【行为】面板，如图 11-2 所示。

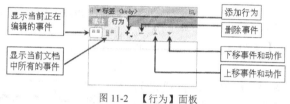

图 11-2 【行为】面板

> 一个特定事件的动作将按照指定的顺序执行。对于在列表中不能上移或下移的动作，上移和下移按钮将不起作用。

3. 选中页眉左端的 logo 图像"images/logo.gif"，然后在【行为】面板中单击 ✚ 按钮，打开行为菜单，从中选择【设置文本】/【设置状态栏文本】命令，打开【设置状态栏文本】对话框，在【消息】文本框中输入"欢迎访问我的个人主页！"，如图 11-3 所示。

4. 单击 确定 按钮完成设置，如图 11-4 所示。

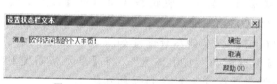

图 11-3 【设置状态栏文本】对话框

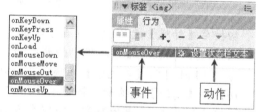

图 11-4 【行为】面板中的事件和动作

5. 保存文档并在浏览器中浏览，当鼠标光标停留在 logo 图像上时，浏览器状态栏将显示事先定义的文本。

【知识链接】

行为是事件及其所触发的动作的组合，因此行为的基本元素有两个：事件和动作。事件是触发动作的原因，动作是事件触发后要实现的效果。例如，当访问者将鼠标指针移到一个链接上时，浏览器就会为这个链接产生一个"onMouseOver"（鼠标经过）事件。然后，浏览器会检查当事件产生时，是否有一些动作需要执行。

可以将行为应用到整个文档（即 body 标签），还可以应用到链接、图像、表单元素或其他 HTML 元素上。例如，在大多数浏览器中，"onMouseOver"（鼠标经过）和"onClick"（单击）行为是与链接相关的事件，而"onLoad"（载入）行为是与图像及文档相关的事

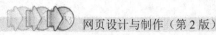

件。一个单一的事件可以触发几个不同的动作，而且可以指定这些动作发生的顺序。

在【行为】面板中添加了一个动作，也就有了一个事件。当单击【行为】面板中事件名右边的 ▼ 按钮时，会弹出所有可以触发动作的【事件】菜单。这个菜单只有在一个事件被选中的时候才可见。选择不同的动作，【事件】菜单中会罗列出可以触发该动作的所有事件。不同的动作，所支持的事件也不同。

（二） 制作弹出式菜单

使用【弹出式菜单】行为可以在网页中实现类似 Windows 操作系统中的菜单效果，菜单可以随意展开或隐藏，可以将所有的分支栏目全部包含在菜单中，可以直接到达子页面，而不必逐级打开。下面介绍设置弹出式菜单的方法。

【操作步骤】

1. 选中标有"欢迎访问我的个人主页"字样的图像文件，并在【属性】面板中为其添加空链接"#"。

2. 在【行为】面板中单击 ✚ 按钮，在弹出的行为菜单中选择【显示弹出式菜单】命令，打开【显示弹出式菜单】对话框。

3. 在【文本】文本框中输入"宋立倩个人主

图 11-5　添加菜单项

页"，在【目标】下拉列表中选择"_blank"，在【链接】文本框中定义链接文件为"songliqian.htm"，接着单击 ✚ 按钮添加其他菜单项，如图 11-5 所示。

> 单击 ✚ 按钮可以添加一个菜单项，单击 ━ 按钮可以移除一个菜单项，单击 🔽 按钮使选中的菜单项成为下一级子菜单，单击 ☰ 按钮使选中的菜单项成为与其父级菜单平级的菜单，单击 ▲ 按钮使选中的菜单项向上移动，单击 ▼ 按钮使选中的菜单项向下移动。

4. 切换至【外观】选项卡，设置菜单的外观参数，其中一般状态选项组中【文本】的颜色为"#000000"，【单元格】的颜色为"#009933"，滑过状态选项组中【文本】的颜色为"#FFFFFF"，【单元格】的颜色为"#0000FF"，其他参数设置如图 11-6 所示。

5. 切换至【高级】选项卡，将【单元格宽度】设置为"100 像素"，将【单元格高度】设置为"25 像素"，其他参数可根据个人喜好进行设置，如图 11-7 所示。

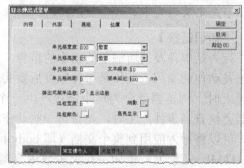

图 11-6　设置【外观】选项卡　　　　　　　　　图 11-7　设置【高级】选项卡

6. 切换至【位置】选项卡，在【菜单位置】选项中单击第 2 个按钮，并勾选【在发生 onMouseOut 事件时隐藏菜单】复选框，如图 11-8 所示。

7. 单击 确定 按钮，完成弹出式菜单的设置工作，如图 11-9 所示。

图 11-8 设置【位置】选项卡

图 11-9 设置弹出式菜单

由于 IE 7.0 及以上浏览器与 IE 6.0 差别较大，弹出式菜单在 IE 6.0 中能够正常显示，但在 IE 7.0 及以上浏览器中不一定能够正常显示。

【知识链接】

在行为中比较常用的事件有以下几种。

- "onFocus"：当指定的元素成为访问者交互的中心时产生。例如，在一个文本区域中单击将产生一个 "onFocus" 事件。

- "onBlur"："onFocus" 事件的相反事件，该事件是指当前指定元素不再是访问者交互的中心。例如，当访问者在文本区域内单击后再在文本区域外单击，浏览器将为这个文本区域产生一个 "onBlur" 事件。

- "onChange"：当访问者改变页面的一个数值时产生。例如，当访问者从菜单中选择一条内容或改变一个文本区域的值，然后在页面的其他地方单击时，会产生一个 "OnChange" 事件。

- "onClick"：当访问者单击指定的元素时产生。直到访问者释放鼠标按键时才完成，只要按下鼠标键便会令某些现象发生。

- "onLoad"：当图像或页面结束载入时产生。

- "onUnload"：当访问者离开页面时产生。

- "onMouseMove"：当访问者指向一个特定元素并移动鼠标时产生（鼠标光标停留在元素的边界以内）。

- "onMouseDown"：当在特定元素上按下鼠标键时产生该事件。

- "onMouseOut"：当鼠标指针从特定的元素（该特定元素通常是一个图像或一个附加于图像的链接）移走时产生。这个事件经常被用来和【恢复交换图像】（Swap Image Restore）动作关联，当访问者不再指向一个图像时，将它返回到其初始状态。

- "onMouseOver"：当鼠标指针首次指向特定元素时产生（鼠标指针从没有指向元素向指向元素移动），该特定元素通常是一个链接。

- "onSelect"：当访问者在一个文本区域内选择文本时产生。

- "onSubmit"：当访问者提交表格时产生。

任务二 设置主体中的行为

下面设置网页主体部分的行为，包括 "打开浏览器窗口"、"交换图像"、"Flash 的播放控制"、"弹出消息"等。

（一） 打开浏览器窗口

使用【打开浏览器窗口】行为将打开一个新的浏览器窗口，在其中显示所指定的网页文档。用户可以指定这个新窗口的属性，包括尺寸、是否可以调节大小、是否有菜单栏等。下面介绍设置打开浏览器窗口的基本方法。

【操作步骤】

1. 选中"在线影视"图像，然后在【行为】面板中单击 **+.** 按钮，从行为菜单中选择【打开浏览器窗口】命令，打开【打开浏览器窗口】对话框。
2. 单击 浏览 按钮，选择文件"yingshi.htm"，将【窗口宽度】和【窗口高度】分别设置为"300"和"200"，并勾选【菜单条】复选框，如图 11-10 所示。

　如果不对窗口的属性进行设置，它就会以"640×480"像素大小的窗口打开，而且有导航栏、地址栏、状态栏、菜单栏等。

3. 单击 确定 按钮，关闭对话框，在【行为】面板中将事件设置为"onClick"，如图 11-11 所示。

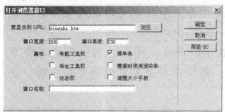

图 11-10　【打开浏览器窗口】对话框

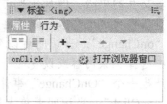

图 11-11　设置打开浏览器窗口

4. 然后用相同的方法设置"诗情画意"、"动画欣赏"和"幽默笑话"3 个图像的【打开浏览器窗口】行为。

　由于 IE 7.0 及更高版本与 IE 6.0 差别较大，"打开浏览器窗口"在 IE 6.0 中能够按照预设的形式显示，而在 IE 7.0 及更高版本也可能会在新的选项卡窗口中显示，这与浏览器设置有关。

（二） 交换图像

【交换图像】行为可以将一个图像替换为另一个图像，这是通过改变图像的"src"属性实现的。可以使用【交换图像】行为来创建翻转的按钮或其他图像效果。下面介绍设置交换图像的基本方法。

【操作步骤】

1. 在文档中选定"在线影视"图像"images/button1-1.gif"，并确认在【属性】面板中已设置了图像名称，此处为"yingshi"。

　交换图像行为在没有命名图像时仍然可以执行，它会在附加该动作到某对象时自动命名图像，但是如果预先命名图像，在操作中将更容易区分各图像。

2. 在【行为】面板中单击 **+.** 按钮，从行为菜单中选择【交换图像】命令，打开【交换图

162

像】对话框。

3. 在【图像】列表框中选择要改变的图像"yingshi"，在【设定原始档为】文本框中定义
其要交换的图像文件"images/button1-2.gif"，然后勾选【预先载入图像】和【鼠标滑开
时恢复图像】两个复选框，如图 11-12 所示。

 【预先载入图像】选项用于在页面载入时，在浏览器的缓存中存入替换的图像，这样可以
防止由于显示替换图像时需要下载而造成的时间延迟。

4. 单击 确定 按钮，完成交换图像行为的设置，如图 11-13 所示。

图 11-12 【交换图像】对话框

图 11-13 设置交换图像行为

5. 运用相同的方法设置"诗情画意"、"动画欣赏"和"幽默笑话"3 个图像的【交换图
像】行为。

（三） 控制 Shockwave 或 Flash

【控制 Shockwave 或 Flash】行为可以控制 Shockwave 动画或 Flash 动画的播放、停
止、重放或跳转到某一帧。下面介绍设置【控制 Shockwave 或 Flash】行为的基本方法。

【操作步骤】

1. 选定文档左下角的 Flash 动画，在其【属性】面板中将视频命名为"shouxihu"，并取消
对【循环】和【自动播放】两个复选框的勾选，如图 11-14 所示。

图 11-14 设置属性

 必须命名这个动画，才能使用【控制 Shockwave 或 Flash】行为控制它。

2. 选定 Flash 动画右侧的文本"播放"，并为其添加空链接。
3. 在【行为】面板中单击 + 按钮，从行为菜单中选择【控制 Shockwave 或 Flash】命
令，打开【控制 Shockwave 或 Flash】对话框。
4. 在【影片】下拉列表中选择命名的影片"shouxihu"，在【操作】选项组中选择【播
放】单选按钮，如图 11-15 所示。
5. 单击 确定 按钮，关闭对话框，然后利用相同的方法为"停止"添加【停止】行为。
6. 在【行为】面板中将事件设置为"onClick"，如图 11-16 所示。

图 11-15 【控制 Shockwave 或 Flash】对话框　　　　　　图 11-16 设置控制 Shockwave 或 Flash 行为

7. 保存网页并按 F12 键进行预览，验证播放和停止链接的有效性。

（四） 弹出信息

在浏览网页时，用户可以在预下载的图像上单击鼠标右键，在弹出的快捷菜单中选择【图片另存为】命令，从而将网页中的图像下载到自己的计算机中。而添加了这个行为动作以后，当访问者单击鼠标右键时，就只能看到提示框，而看不到快捷菜单，这样就限制了用户使用鼠标右键来将图片下载至自己的计算机中。下面介绍设置弹出信息行为防止图像被下载的基本方法。

【操作步骤】

1. 在文档中选定人物图像 "images/syx.jpg"，然后在【行为】面板中单击 ＋ 按钮，从行为菜单中选择【弹出信息】命令，打开【弹出信息】对话框。
2. 在【弹出信息】对话框的【消息】文本框中输入提示信息，如图 11-17 所示。
3. 单击　确定　按钮，关闭对话框，然后在【行为】面板中选择【onMouseDown】事件，如图 11-18 所示。
4. 保存网页并按 F12 键进行预览，在该图像上单击鼠标左键或右键都会弹出信息提示框，如图 11-19 所示。

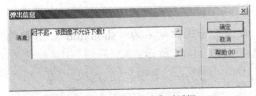
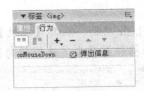

图 11-17 【弹出信息】对话框　　　　图 11-18 设置弹出信息行为　　　　图 11-19 提示信息框

【知识链接】

下面对【播放声音】、【调用 JavaScript】和【拖动层】行为简要说明如下。

- 【播放声音】：用来播放声音和音乐文件。例如，在页面载入时自动播放一段音乐，或者当鼠标单击按钮时发出不同的声响。从行为菜单中选择【播放声音】命令，打开【播放声音】对话框进行设置即可，如图 11-20 所示。

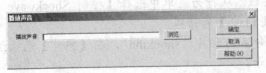
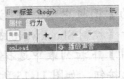

图 11-20 设置播放声音行为

- 【调用 JavaScript】：让用户通过【行为】面板指定一个自定义功能，或者当一个事件发生时执行一段 JavaScript 代码。用户可以自己编写或者使用各种可免费获取的 JavaScript 代码。例如，在文档窗口中输入文本"关闭窗口"，并为其添加空链接，然后在【行为】面板中打开【调用 JavaScript】对话框，输入要执行的代码或函数名，如"window.close()"，在【行为】面板中设置事件为"onClick"，如图 11-21 所示。在浏览器窗口中单击"关闭窗口"文本将关闭浏览器窗口。

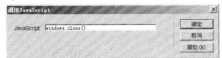 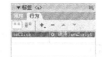

图 11-21 调用 JavaScript

项目实训 制作弹出式菜单

本项目介绍了行为在网页中的具体应用，通过本实训将让读者进一步巩固所学的基本知识。

要求：使用【弹出式菜单】行为创建如图 11-22 所示的网页菜单。

| 关于我们 | 班级相册 | 班级活动 | 班级往事 | 对外交往 | 班级论坛 |

图 11-22 弹出式菜单

【操作步骤】

1. 首先插入一个 1 行 6 列的表格，表格 ID 为"navmenu"，间距设为"2"，然后设置单元格宽度为"80 像素"，背景颜色为"#0000FF"。
2. 在单元格中输入文本并添加空链接，然后创建高级 CSS 样式"#navmenu a"，文本大小设置为"14 像素"，颜色设置为"#FFFFFF"，行高设置为"25 像素"，无下画线。
3. 选中链接文本，在【行为】面板中单击 ＋ 按钮，从行为菜单中选择【显示弹出式菜单】命令，打开【显示弹出式菜单】对话框，添加内容并设置其他属性，其中班级相册的菜单设置如图 11-23 所示。

图 11-23 设置菜单项

 ## 项目小结

本项目通过个人网页介绍了几种常用行为的基本功能，包括设置状态栏文本、弹出式菜单、打开浏览器窗口、交换图像、控制 Shockwave 或 Flash、弹出信息等。希望读者在掌握这些内容的基础上，对其他的行为也能够加以熟悉和了解。

 ## 思考与练习

一、填空题

1. 行为的基本元素有两个：事件和_____。

2. _____可以在网页中实现类似 Windows 操作系统中的菜单效果。

3. 当访问者改变页面的一个数值时产生_____事件。

4. 当在特定元素上按下鼠标键时产生_____事件。

5. 使用_____行为将打开一个新的浏览器窗口，在其中显示所指定的网页文档。

6. 交换图像行为是通过改变图像的_____属性实现的。

二、选择题

1. 打开【行为】面板的快捷键是（　　）。

    A. Shift+F1   B. Shift+F4   C. Shift+F5   D. Shift+F9

2. 单击鼠标时将发生（　　）事件。

    A. onMouseOver   B. onClick   C. onStart   D. onBlur

3. 当鼠标指针从特定的元素上移走时将发生（　　）事件。

    A. onMouseOver   B. onClick   C. onMouseOut   D. onBlur

4. （　　）行为将显示一个提示信息框，给用户提供提示信息。

    A. 弹出信息   B. 设置状态栏文本

    C. 交换图像   D. 控制 Shockwave 或 Flash

5. 使用（　　）行为，在浏览网页时可以拖动层到页面的任意位置。

    A. 弹出信息   B. 设置状态栏文本   C. 交换图像   D. 拖动层

三、简答题

1. 构成行为的两个基本元素是什么？它们之间是什么关系？

2. 请简要描述 onMouseDown、onMouseMove、onMouseOut 和 onMouseOver 4 个事件的含义。

四、操作题

根据操作提示使用交换图像行为制作图像浏览网页，要求当鼠标指针移到两侧的小图上时，在中间显示该图的大图，效果如图 11-24 所示。

图 11-24　图像浏览网页

【操作提示】

(1) 在网页中插入一个 2 行 3 列的表格，间距为"10"，居中对齐。然后将第 1 列和第 3 列单元格的宽度设置为"100 像素"，高度设置为"200 像素"，对中间一列的单元格进行合并，宽度设置为"300 像素"。

(2) 在两侧的单元格中分别插入 4 幅小图像，然后在中间的单元格中插入另外一幅大图像，并设置其图像名称为"bigpic"。

(3) 依次选中小图像，并在行为菜单中选择【交换图像】命令，在打开的【交换图像】对话框的【图像】列表框中均选择图像"bigpic"，在【设定原始档为】文本框中定义每幅小图相对应的大图地址，并将下面的两个复选框选中。

项目十二

表单——制作通行证注册网页

表单是制作动态网页的基础，是用户与服务器之间信息交换的桥梁。一个具有完整功能的表单网页通常有两部分组成，一部分是用于搜集数据的表单页面，另一部分是处理数据的服务器端脚本或应用程序。本项目以图 12-1 所示的注册网页为例，介绍创建表单网页的基本方法，如何编写应用程序将在后续项目中加以介绍。在本项目中，首先向网页中添加各种表单对象，然后使用检查表单行为等方法验证表单。

图 12-1 通行证注册网页

学习目标

知道表单的概念及其作用。

学会制作表单网页的基本方法。

学会使用行为验证表单的基本方法。

【设计思路】

在各大网站中，通行证注册功能基本都要用到，不管界面和形式有何差别，但大同小异，其本质是一样的。本项目设计的是通行证注册网页，主要用于收集用户相关信息。在网页制作过程中，主要使用表格技术对表单对象进行布局，使页面显得整齐划一。

任务一 创建表单

在 Dreamweaver 8 中，表单输入类型称为表单对象或表单元素。下面介绍插入表单及文本域、文本区域、单选按钮、复选框、列表/菜单、隐藏域、按钮以及设置其属性的方法。

【操作步骤】

1. 首先定义一个本地静态站点，然后将素材文件复制到站点根文件夹下，并打开网页文件"index.htm"。

2. 将鼠标光标置于第 2 行单元格中，然后在菜单栏中选择【插入】/【表单】/【表单】命令，或在【插入】/【表单】面板中单击 □（表单）按钮插入一个空白表单，如图 12-2 所示。

图 12-2　插入表单

> 任何其他表单对象，都必须插入到表单中，这样浏览器才能正确处理这些数据。表单将以红色虚线框显示，但在浏览器中是不可见的。

3. 打开网页文件"index2.htm"。将其中的表格及其内容复制粘贴到网页文件"index.htm"的表单中，如图 12-3 所示。

通行证注册

登录帐户:	
登录密码:	
确认密码:	
邮箱地址:	
性别:	
出生年月:	
个人喜好:	
人生格言:	

请阅读服务协议，并选择同意：我已阅读并同意

图 12-3　复制粘贴表格

4. 将鼠标光标置于"登录账户："右侧单元格中，然后在菜单栏中选择【插入】/【表单】/【文本域】命令，如果弹出【输入标签辅助功能属性】对话框，单击下面的链接，在弹出的【首选参数】对话框中修改首选参数，取消对【表单对象】复选框的勾选，这样再插入表单对象时就不会弹出【输入标签辅助功能属性】对话框而是直接插入表单，如图 12-4 所示。

> 当然也可以直接单击 [取消] 按钮，跳过这一步，但每次插入表单域时，都会出现此对话框，比较麻烦。

 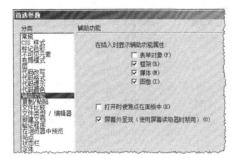

图 12-4　修改首选参数

【知识链接】

- 【换行】: 其下拉列表中有【默认】、【关】、【虚拟】和【实体】4 个选项。当选择【关】选项时，如果单行的字符数大于文本域的字符宽度，那么行中的信息不会自动换行，而是出现水平滚动条; 当选择其他 3 个选项时，如果单行的字符数大于文本域的字符宽度，那么行中的信息自动换行，不出现水平滚动条。

5. 选中插入的文本域，在【属性】面板中设置各项属性，如图 12-5 所示。

图 12-5　文本域【属性】面板

【知识链接】

下面对文本域【属性】面板的各项参数简要说明如下。

- 【文本域】: 用于设置文本域的唯一名称，为文本域指定的名称是存储该域值的变量名，以便发送给服务器进行数据处理。
- 【字符宽度】: 用于设置文本域的显示宽度。
- 【最多字符数】: 当文本域的【类型】选项设置为"单行"或"密码"时，该属性用于设置最多可向文本域中输入的字符数。
- 【初始值】: 用于设置在首次载入表单时文本域中默认显示的值。例如，通过包含说明或示例值，可以指示用户在域中输入信息。
- 【类型】: 用于设置文本域的类型，包括【单行】、【多行】和【密码】3 个选项。当选择【密码】选项并向密码文本域输入密码时，这种类型的文本内容显示为"*"号。当选择【多行】选项时，文档中的文本域将会变为文本区域，此时文本域【属性】面板中的【字符宽度】选项指的是文本域的宽度，默认值为 24 个字符，【行数】默认值为"3"。

6. 分别在"登录密码:"和"确认密码:"后面的单元格中插入文本域，将它们设置为"密码"类型，如图 12-6 所示。

7. 在"邮箱地址:"后面的单元格中插入文本域，属性设置如图 12-7 所示。

8. 将鼠标光标置于"性别:"后面的单元格内，然后在菜单栏中选择【插入】/【表单】/【单选按钮】命令，插入两个单选按钮，在【属性】面板中设置其属性参数，然后分别在两个单选按钮的后面输入文本"男"和"女"，如图 12-8 所示。

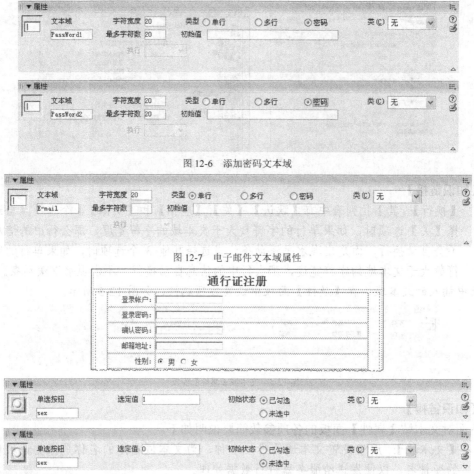

图 12-6　添加密码文本域

图 12-7　电子邮件文本域属性

图 12-8　插入单选按钮

【知识链接】

单选按钮【属性】面板的各项参数简要说明如下。

- 【单选按钮】：用于设置单选按钮的名称，所有同一组的单选按钮必须有相同的名字。
- 【选定值】：用于设置提交表单时单选按钮传送给服务端表单处理程序的值，同一组单选按钮应设置不同的值。
- 【初始状态】：用于设置单选按钮的初始状态是已被选中还是未被选中，同一组内的单选按钮只能有一个初始状态是已选定。

单选按钮一般以两个或者两个以上的形式出现，它的作用是让用户在两个或者多个选项中选择一项。既然单选按钮的名称都是一样的，那么依据什么来判断哪个按钮被选定呢？因为单选按钮是具有唯一性的，即多个单选按钮只能有一个被选定，所以【选定值】选项就是判断的唯一依据。每个单选按钮的【选定值】选项被设置为不同的数值，如性别"男"的单选按钮的【选定值】选项被设置为"1"，性别"女"的单选按钮的【选定值】选项被设置为"0"。

另外，在菜单栏中选择【插入】/【表单】/【单选按钮组】命令，可以一次性在表单中插入多个单选按钮。

9. 将鼠标光标置于"出生年月:"后面的单元格内,然后在菜单栏中选择【插入】/【表单】/【列表/菜单】命令,插入两个【列表/菜单】域,分别代表"年"、"月",如图12-9所示。

图12-9　插入【列表/菜单】域

10. 选定代表"年"的表单域,在【属性】面板中单击 列表值... 按钮,打开【列表值】对话框,添加【项目标签】和【值】,如图12-10所示。

11. 在【属性】面板中将名称设置为"dateyear",如图12-11所示。如果有必要还可以设置初始化选项,这里不进行设置。

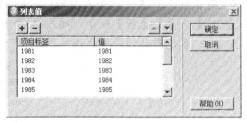

图12-10　【列表值】对话框

图12-11　列表/菜单【属性】面板

【知识链接】

列表/菜单【属性】面板的各项参数简要说明如下。

- 【列表/菜单】:用于设置【列表/菜单】域的名称。

- 【类型】:用于设置是下拉菜单还是滚动列表。

- 列表值... 按钮:单击此按钮将打开【列表值】对话框,在这个对话框中可以增减和修改【列表/菜单】的内容。每项内容都有一个项目标签和一个值,标签将显示在浏览器中的【列表/菜单】域中。当列表或者菜单中的某项内容被选中,提交表单时它对应的值就会被传送到服务器端的表单处理程序,若没有对应的值,则传送标签本身。

- 【初始化时选定】:文本列表框内首先显示列表/菜单的内容,然后可在其中设置列表/菜单的初始选项。单击欲作为初始选择的选项。若【类型】选项设置为【列表】,则可初始选择多个选项。若【类型】选项设置为【菜单】,则只能初始选择1个选项。

- 将【列表/菜单】域的【属性】面板中的【类型】选项设置为【列表】时,【高度】选项和【选定范围】选项为可选。其中的【高度】选项是列表框中文档的高度,"1"表示在列表中显示1个选项。【选定范围】选项用于设置是否允许多项选择,勾选表示允许,否则为不允许。

- 当在【列表/菜单】域的【属性】面板中将【类型】选项设置为【菜单】时,【高度】和【选定范围】选项为不可选,在【初始化时选定】列表框中只能选择1个初始选项,文档窗口的下拉菜单中只显示1个选择的条目,而不是显示整个条目表。

12. 按照相同方法设置代表"月"的菜单域,其中"月"的列表值从"1"到"12",如图12-12

所示。

图12-12　设置代表"月"的菜单域

13. 将鼠标光标置于"个人喜好:"后面的单元格内,然后在菜单栏中选择【插入】/【表单】/【复选框】命令,插入 4 个复选框,其中第一个复选框的参数设置如图 12-13 所示,其他参数的设置依此类推。

图12-13　添加复选框

【知识链接】

复选框【属性】面板的各项参数简要说明如下。

- 【复选框名称】:用来定义复选框名称。
- 【选定值】:用来判断复选框被选定与否,是提交表单时复选框传送给服务端表单处理程序的值。
- 【初始状态】:用来设置复选框的初始状态是"已选定"还是"未选中"。

由于复选框在表单中一般都不单独出现,而是多个复选框同时使用,因此其【选定值】就显得格外重要。另外,复选框的名称最好与其说明性文字发生联系,这样在表单脚本程序的编制中将会节省许多时间和精力。

14. 将鼠标光标置于"人生格言:"后面的单元格内,然后在菜单栏中选择【插入】/【表单】/【文本区域】命令,插入一个文本区域,如图 12-14 所示。

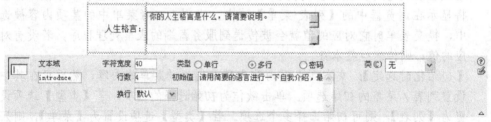

图12-14　插入文本区域

15. 将鼠标光标置于"人生格言"下面的单元格内,然后在菜单栏中选择【插入】/【表单】/【隐藏域】命令,插入一个隐藏域来记录用户的注册时间,在【属性】面板中设置其属性参数,如图 12-15 所示。

图12-15　插入隐藏域

【知识链接】

隐藏域主要用来存储并提交非用户输入信息,如注册时间、认证号等,这些都需要使用JavaScript、ASP 等来编写,当然也可以根据需要直接输入文本或数字等内容。隐藏域在网页中一般不显现。【属性】面板中的【隐藏区域】文本框主要用来设置隐藏域的名称，【值】文本框内可以输入 ASP 代码，如"<% =Date() %>"，其中"<%…%>"是 ASP 代码的开始、结束标志，而"Date()"表示当前的系统日期（如 2012-10-10），如果换成"Now()"则表示当前的系统日期和时间（如 2012-10-10 10:16:44），而"Time()"则表示当前的系统时间（如 10:16:44）。

16. 将鼠标光标置于"人生格言："下面的第 2 个单元格内，然后在菜单栏中选择【插入】/【表单】/【按钮】命令，插入两个按钮，并在【属性】面板中设置其属性参数，如图 12-16 所示。

图 12-16　插入按钮

【知识链接】

按钮【属性】面板的各项参数简要说明如下。

- 【按钮名称】：用于设置按钮的名称。
- 【值】：用于设置按钮上的文字，一般为"确定"、"提交"、"注册"等。
- 【动作】：用于设置单击该按钮后进行什么程序，有 3 个选项。【提交表单】表示单击该按钮后，将表单中的数据提交给表单处理应用程序；【重设表单】表示单击该按钮后，表单中的数据将分别恢复到初始值；【无】表示单击该按钮后，表单中的数据既不提交也不重设。

在菜单栏中选择【插入】/【表单】/【图像域】命令，可以插入一个图像域。图像域的作用就是用一幅图像来替代按钮的工作，用它来发送表单或者执行脚本程序。

17. 在"请阅读服务协议，并选择同意："的后面插入一个复选框，属性设置如图 12-17 所示。

图 12-17　复选框属性设置

18. 在"请阅读服务协议，并选择同意："下面的单元格内插入一个文本区域，属性设置如图 12-18 所示。

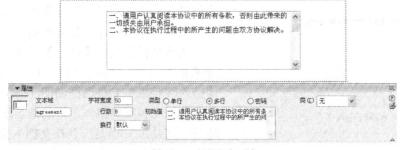

图 12-18　插入文本区域

19. 保证刚插入的文本区域处于选中状态，然后切换到【代码】视图，在"textarea"标签中加入代码"readonly="readonly""，设置该文本区域的内容为"只读"，如图12-19所示。

图12-19 设置只读属性

20. 将鼠标光标置于表单内，单击左下方的"<form>"标签选中整个表单，可以在【属性】面板中设置表单属性，此处暂不设置，如图12-20所示。

图12-20 表单属性

【知识链接】

表单【属性】面板中的各项参数简要说明如下。

- 【表单名称】：用于设置标识该表单的唯一名称，以便在脚本程序（ASP、JavaScript）中引用该表单。
- 【动作】：用于设置处理该表单的动态页、脚本路径或电子邮件地址。
- 【方法】：用于设置将表单内的数据传送给服务器的方法，共有3个选项。"GET"是指将表单内的数据附加到URL后面传送给服务器，不适用表单内容比较多的情况，"POST"将在HTTP请求中嵌入表单数据，在理论上不限制表单的长度，"默认"是指用浏览器默认的传送方式，一般默认为"GET"。
- 【目标】：用于指定一个窗口，这个窗口中显示应用程序或者脚本程序将表单处理完成以后所显示的结果。
- 【MIME类型】：用于设置对提交给服务器进行处理的数据使用哪种编码类型，默认设置为"application/x-www-form-urlencoded"，常与"POST"方法协同使用。如果要创建文件上传域，应指定"multipart/form-data"类型。

至此，制作注册表单的任务就完成了。

【知识链接】

表单本身只是有装载的功能，在表单中添加表单对象后才能有实际的作用。常用的表单对象已经介绍完毕，下面对实例中未涉及的其他表单对象进行简要说明。

在菜单栏中选择【插入】/【表单】/【文件域】命令可以插入一个文件域，文件域的作用是使用户可以浏览并选择本地计算机上的某个文件，以便将该文件作为表单数据进行上

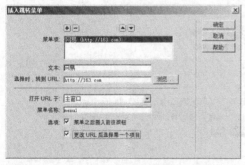

图12-21 插入跳转菜单

传。当然，真正上传文件还需要相应的上传组件才能进行，文件域仅仅是起供用户浏览选择计算机上文件的作用，并不起上传的作用。

在菜单栏中选择【插入】/【表单】/【跳转菜单】命令，可以在页面中插入跳转菜单，【插入跳转菜单】对话框如图12-21所示。跳转菜单的外观和菜单相似，不同的是跳转菜单具有超级链接功能。但是一旦在文档中插入了跳转菜单，就无法再对其进行修改了。如果要修改，只

能将菜单删除，然后再重新创建一个。这样做非常麻烦，而 Dreamweaver 8 所设置的【跳转菜单】行为，可以弥补这个缺陷。分别选定跳转菜单域和按钮，在【行为】面板中选择【跳转菜单】和【跳转菜单开始】选项，将再次打开【跳转菜单】和【跳转菜单开始】对话框，然后进行修改即可。

在菜单栏中选择【插入】/【表单】/【字段集】命令，可以在页面中插入一个字段集。使用字段集可以在页面中显示一个圆角矩形框，将一些相关的内容放在一起。可以先插入字段集，然后再在其中插入相关的内容。也可以先插入内容，然后将其选择再插入字段集，如图 12-22 所示。

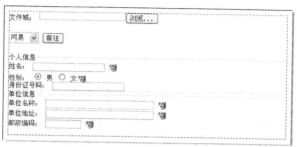

图 12-22　文件域、跳转菜单和字段集

任务二　验证表单

表单在提交到服务器端以前，必须进行验证。下面介绍验证表单的基本方法。

【操作步骤】

1. 将鼠标光标置于表单内，单击左下方的"<form>"标签，选中整个表单，然后在菜单栏中选择【窗口】/【行为】命令，打开【行为】面板。单击 **+** 按钮，在弹出菜单中选择【检查表单】命令，打开【检查表单】对话框，如图 12-23 所示。

2. 将"UserName"、"E-mail"、"PassWord1"、"PassWord2"的【值】设置为【必需的】，其中"E-mail"的【可接受】选项设置为"电子邮件地址"，其他 3 个【可接受】选项设置为"任何东西"，并将"introduce"的【可接受】选项设置为"任何东西"，然后单击 **确定** 按钮完成设置。

3. 在【行为】面板中检查默认事件是否是"onSubmit"，如图 12-24 所示。

图 12-23　【检查表单】对话框

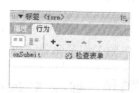

图 12-24　设置事件

当表单被提交时（"onSubmit"大小写不能随意更改），验证程序会自动启动，必填项如果为空则发生警告，提示用户重新填写，如果不为空则提交表单。确认密码无法使用行为来检验，但可以通过简单的 JavaScript 来验证。

4. 在表单中用鼠标右键单击 注册 按钮，在弹出的快捷菜单中选择【编辑标签〔E〕<input>】
命令，打开【标签编辑器－input】对话框，如图 12-25 所示。

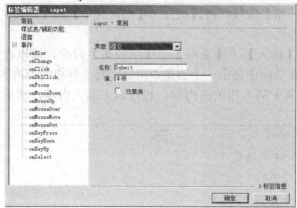

图 12-25　【标签编辑器－input】对话框

5. 在对话框中选中"onClick"事件，在右侧的文本框中输入图 12-26 所示的代码，然后
单击 确定 按钮完成设置并保存网页。

6. 预览网页，当两次输入的密码不相同时，单击 注册 按钮时会自动弹出警示框，单击
确定 按钮，表单不提交，回到密码域中，如图 12-27 所示。

```
if(PassWord1.value != PassWord2.value)
{
alert('两次输入的密码不相同');
PassWord1.focus();
return false;
}
```

图 12-26　输入代码

图 12-27　提示框

7. 重新对 注册 按钮的"onClick"事件进行编辑，在原有代码的基础上接着添加如图 12-28
所示的代码。

8. 保存网页后再次预览网页，两次输入相同的 3 位密码，也会出现警告窗口，如图 12-29
所示。

```
else if(PassWord1.value.length<6 || PassWord1.value.length>10)
{
  alert('密码长度不能少于6位，多于10位！');
  PassWord1.focus();
  return false;
}
```

图 12-28　添加代码

图 12-29　提示框

验证表单的工作至此就完成了。

项目实训　制作表单网页

本项目介绍了表单在网页中的具体应用，通过本实训将让读者进一步巩固所学的基本知识。

要求：使用表单创建如图 12-30 所示的"注册邮箱申请单"网页。

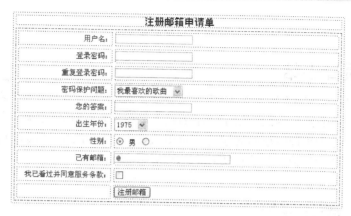

图 12-30 表单网页

【操作步骤】

1. 新建一个网页并设置其页面属性，文本大小为"12 像素"。

2. 插入一个 2 行 1 列的表格，表格宽度为"600 像素"，间距为"5"，边距和边框均为"0"。

3. 设置两个单元格的水平对齐方式均为"居中对齐"，并在第 1 个单元格中输入文本"注册邮箱申请单"，设置文本字体为"黑体"，大小为"18 像素"。

4. 在第 2 个单元格中插入一个表单，在表单中再插入一个 10 行 2 列、宽度为"100%"的表格，间距为"5"，边距和边框均为"0"。

5. 选择第 1 列单元格，宽度设置为"30%"，高度设置为"25"，水平对齐方式为"右对齐"，并在其中输入提示性文本；选择第 2 列单元格，设置水平对齐方式为"左对齐"。

6. 在"用户名："后面的单元格中插入单行文本域，名称为"username"，字符宽度为"20"。

7. 在"登录密码："和"重复登录密码："后面的单元格中分别插入密码文本域，名称分别为"passw"和"passw2"，字符宽度均为"20"。

8. 在"密码保护问题："后面的单元格中插入菜单域，名称为"question"，并在【列表值】对话框中添加项目标签和值。

9. 在"您的答案："后面的单元格中插入单行文本域，名称为"answer"，字符宽度为"20"。

10. 在"出生年份："后面的单元格中插入菜单域，名称为"birthyear"，并在【列表值】对话框中添加项目标签和值。

11. 在"性别："后面的单元格中插入两个单选按钮，名称均为"sex"，选定值分别为"1"和"2"，初始状态分别为"已选定"和"未选中"。

12. 在"已有邮箱："后面的单元格中插入单行文本域，名称为"email"，字符宽度为"30"，初始值为"@"。

13. 在"我已看过并同意服务条款："后面的单元格中插入一个复选框，名称为"tongyi"，选定值为"y"，初始状态为"未选中"。

14. 在最后一个单元格中插入一个按钮，名称为"submit"，值为"注册邮箱"，动作为"提交表单"。

15. 最后保存文件。

项目小结

本项目以用户注册网页为例介绍了表单的基本知识，包括插入表单对象及其属性设置、利用"检查表单"行为验证表单的方法等。希望通过本项目的学习，读者能够对各个表单对象的作用有一个清楚的认识，并能在实践中熟练运用。

思考与练习

一、填空题

1. 文本域等表单对象都必须插入到_____中，这样浏览器才能正确处理其中的数据。

2. 按钮的【属性】面板提供了按钮的 3 种动作，即_____、重置表单和无。

3. _____的作用就是用一幅图像来替代按钮的工作，用它来发送表单或者执行脚本程序。

4. _____的作用在于发送信息、执行脚本程序和重置表单，这是表单页收尾的工作。

5. 表单在提交到服务器端以前必须进行验证，在 Dreamweaver 8 中可以使用【_____】行为对表单进行基本的验证设置。

二、选择题

1. 选择菜单栏中的【插入】/【表单】/【表单】命令，将在文档中插入一个表单域，下面关于表单域的描述正确的是（　　）。

    A. 表单域的大小可以手工设置

    B. 表单域的大小是固定的

    C. 表单域会自动调整大小以容纳表单域中的元素

    D. 表单域的红色边框线会显示在页面上

2. 以下不属于表单元素的是（　　）。

    A. 单选按钮　　　　　　B. 层　　　　　　C. 复选框　　　　　　D. 文本域

3. 下面关于文本域的说法，错误的是（　　）。

    A. 在【属性】面板中可以设置文本域的字符宽度

    B. 在【属性】面板中可以设置文本域的字符高度

    C. 在【属性】面板中可以设置文本域所能接受的最多字符数

    D. 在【属性】面板中可以设置文本域的初始值

4. 在表单元素中，（　　）在网页中一般不显现。

    A. 隐藏域　　　　　　B. 文本域　　　　　　C. 文件域　　　　　　D. 文本区域

5. 使用（　　）可以在页面中显示一个圆角矩形框，将一些相关的表单元素放在一起。

    A. 文本域　　　　　　B. 表单　　　　　　C. 文本区域　　　　　　D. 字段集

6. 下面不能用于输入文本的表单对象是（　　）。

    A. 文本域　　　　　　B. 文本区域　　　　　　C. 密码域　　　　　　D. 文件域

7. 具有超级链接功能的表单对象是（　　）。

　　A. 跳转菜单　　　B. 按钮　　　　　C. 列表　　　　　D. 菜单域

三、简答题

1. 常用的表单对象有哪些？

2. 根据自己的理解简要说明单选按钮和复选框在使用上有什么不同点。

四、操作题

制作如图 12-31 所示的表单网页。

【操作提示】

（1）新建一个网页并插入相应的表单对象。

（2）表单对象的名称等属性不作统一要求，读者可根据需要自行设置。

（3）整个表单内容分为"个人信息"和"调查内容"两部分，使用表单对象"字段集"进行区域划分。

（4）使用"检查表单"行为设置"姓名"、"通信地址"、"邮编"和"电子邮件"为必填项，同时设置"邮编"仅接受数字，"电子邮件"检查其格式的合法性。

图 12-31　在线调查

项目十三

应用程序——制作重点学科信息管理系统

在实际应用中，读者可能经常需要制作带有后台数据库的交互式网页。本项目以图 13-1 所示的重点学科信息管理系统为例，介绍在 Dreamweaver 8 中通过服务器行为创建 ASP 应用程序的基本方法。在项目中，首先定义站点并创建数据库连接，然后制作前台页面和后台页面，最后设置用户身份验证。

图 13-1　重点学科信息管理系统

学习目标

知道创建交互式网页的基本原理。
学会创建数据库连接的方法。
学会显示、插入、更新和删除记录的方法。
学会设置网页参数传递的方法。
学会用户身份验证的方法。

【设计思路】

本项目设计的是重点学科信息管理系统，如果说之前各个项目训练的重点都是静态网页的设计和制作，那么本项目训练的则是动态网页的制作方法，即 ASP 应用程序的设置。重点学科信息管理系统涉及多个网页，这些网页已经提前制作好，在项目中主要是设置应用程序的各项功能。系统分为前台页面和后台页面，前台页面主要是浏览数据，后台页面主要是添加、修改和删除数据，后台页面必须通过登录才能够访问。

任务一　配置 ASP 网页开发环境

本任务主要是配置在 Dreamweaver 8 中创建动态网页的开发环境。开发环境主要是指 IIS 服务器运行环境和在 Dreamweaver 8 中可以使用服务器技术的站点环境。

（一）　配置 Web 服务器

为了便于测试，建议直接在本机上安装并配置 Web 服务器。

【操作步骤】

1. 在 Windows XP 的【控制面板】/【管理工具】中双击【Internet 信息服务】选项，打开【Internet 信息服务】窗口。
2. 用鼠标右键单击【默认网站】选项，在弹出的快捷菜单中选择【属性】命令，弹出【默认网站属性】对话框，在【网站】选项卡的【IP 地址】文本框中输入本机的 IP 地址（如果不联网没有 IP 也可以输入"127.0.0.1"或者不设置）。
3. 切换到【主目录】选项卡，在【本地路径】文本框中设置网页所在目录。
4. 切换到【文档】选项卡，添加站点默认的首页文档名称，如"index.asp"。

（二）　定义动态站点

Web 服务器配置完毕后，还需要在 Dreamweaver 8 中定义使用脚本语言的站点。

【操作步骤】

1. 在菜单栏中选择【站点】/【新建站点】命令，打开站点定义窗口，并切换到【高级】选项卡。
2. 在【本地信息】分类中，设置站点名称和本地根文件夹，HTTP 地址根据实际情况设置（如果没有也可以输入"127.0.0.1"或"http://localhost/"，总之要与 Web 服务器的配置一致），如图 13-2 所示。
3. 在【测试服务器】分类中，设置服务器模型为"ASP VBScript"，在本地进行编辑和测试，即将【访问】选项设置为"本地/网络"，测试服务器文件夹与本地文件夹一致即可，如图 13-3 所示。

图 13-2　设置本地信息

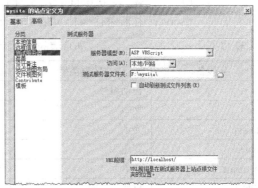

图 13-3　设置测试服务器

【知识链接】

ASP（Active Server Pages）是一种服务器端网页脚本编写环境，可以使用 VBScript、JavaScript 等脚本语言编写，主要用来创建和运行动态网页或 Web 应用程序。ASP 网页可以包含 HTML 标记、普通文本、脚本命令、COM 组件等。与 HTML 网页相比，ASP 网页具有以下特点。

- 利用 ASP 可以突破纯 HTML 静态网页的一些功能限制，实现动态网页技术。
- ASP 文件是包含在 HTML 代码所组成的文件中的，比较容易修改和测试。
- 服务器 ASP 解释程序会在服务器端执行 ASP 程序，并将结果以 HTML 格式传送到客户端浏览器上，因此使用各种浏览器都可浏览 ASP 所产生的网页。
- ASP 提供了一些内置对象，使用这些对象可以使服务器端脚本功能更强。例如，可以从 Web 浏览器中获取用户通过 HTML 表单提交的信息，并在脚本中对这些信息进行处理，然后向 Web 浏览器发送信息。
- ASP 可以使用服务器端的 ActiveX 组件来执行各种各样的任务，如存取数据库、发送 Email 或访问文件系统等。
- 服务器是将 ASP 程序执行的结果以 HTML 格式传回客户端浏览器，使用者不会看到 ASP 所编写的原始程序代码，可防止 ASP 程序代码被窃取。
- 使用 ASP 比较容易连接 ACCESS 和 SQL Server 数据库。

ASP 不仅能够与 HTML 结合制作 Web 网站，而且还可以与 XHTML 和 WML 相结合制作 WAP 手机网站，其原理是一样的。

任务二　制作前台页面

本任务主要是制作管理系统的前台页面，也就是显示数据库记录的相关页面，涉及的知识点主要有数据库连接、记录集、动态文本、重复区域、记录集分页、显示记录记数、显示区域等。

（一）　创建数据库连接

本项目使用的数据库是 Access 数据库，名称为"kcjxl.mdb"，位于站点的"kcdata"文件夹中，该数据库包括 4 个数据表：data、lanmu、users 和 group，如表 13-1、表 13-2、表 13-3 和表 13-4 所示。其中 data 表用来保存重点学科相关信息，lanmu 表用来保存网站栏目分类信息，users 表用来保存操作员信息，group 表用来保存操作员分类信息。

表 13-1　　　　　　　　　　data 表的字段名和相关含义

字段名	数据类型	字段大小	说　明
id	自动编号	长整型	记录编号
title	文本	50	标题
classid	文本	10	栏目标识
content	备注	—	内容
username	文本	50	添加内容的用户名称
adddate	日期 / 时间	—	添加内容的日期

表 13-2　　　　　　　　　　　　　lanmu 表的字段名和相关含义

字段名	数据类型	字段大小	说　明
id	自动编号	长整型	栏目编号
lanmuname	文本	50	栏目名称
classid	文本	10	栏目标识

表 13-3　　　　　　　　　　　　　users 表的字段名和相关含义

字段名	数据类型	字段大小	说　明
id	自动编号	长整型	用户编号
username	文本	50	用户名称
passw	文本	50	用户密码
classbs	文本	4	用户分组

表 13-4　　　　　　　　　　　　　group 表的字段名和相关含义

字段名	数据类型	字段大小	说　明
id	自动编号	长整型	用户分组编号
groupname	文本	50	用户分组名称
classbs	文本	4	用户分组

数据表 lanmu、users 和 group 的内容如图 13-4 所示。

图 13-4　数据表

　　在 Dreamweaver 中创建数据库连接的方式有两种，一种是以自定义连接字符串方式创建数据库连接，另一种是以数据源名称（DSN）方式创建数据库连接。本项目使用自定义连接字符串的方式来创建数据库连接。

　　【操作步骤】

1.　将素材文件复制到站点根文件夹下，然后在菜单栏中选择【文件】/【新建】命令，打开【新建文档】对话框，在【常规】选项卡中选择【动态页】/【ASP VBScript】，如图 13-5 所示。

2.　单击 创建(R) 按钮创建动态网页文档，然后选择【文件】/【保存】命令将文档保存为"temp.asp"。

图 13-5　选择【动态页】/【ASP VBScript】

创建数据库连接的前提条件是，必须在已定义好的动态站点中新建或打开一个动态网页文档。这样，【数据库】面板、【绑定】面板和【服务器行为】面板才可以使用。

【知识链接】

查看该网页源代码，可以发现第 1 行是如下代码。

```
<%@LANGUAGE="VBSCRIPT" CODEPAGE="936"%>
```

其中，LANGUAGE="VBSCRIPT"用于声明该 ASP 动态网页当前使用的编程脚本为 VBSCRIPT。当使用该脚本声明后，该动态网页中使用的程序都必须符合该脚本语言的所有语法规范。如果使用 JAVASCRIPT 脚本语言创建 ASP 动态网页，那么声明代码中脚本语言声明项应该修改为 LANGUAGE="JAVASCRIPT"。

CODEPAGE="936"用于定义在浏览器中显示页内容的代码页为简体中文（GB2312）。代码页是字符集的数字值，不同的语言使用不同的代码页。例如，繁体中文（Big5）代码页为 950，日文（Shift-JIS）代码页为 932，Unicode（UTF-8）代码页为 65001。在制作动态网页的过程中，如果在插入或显示数据表中记录时出现了乱码的情况，通常需要采用这种方法解决，即查看该动态网页是否在第 1 行进行了代码页的声明，如果没有，就应该加上，这样就不会出现网页乱码的情况了。

3. 在菜单栏中选择【窗口】/【数据库】命令，打开【数据库】面板，如图 13-6 所示。

4. 在【数据库】面板中单击 ➕ 按钮，在弹出的菜单中选择【自定义连接字符串】命令，打开【自定义连接字符串】对话框，参数设置如图 13-7 所示。

图 13-6　【数据库】面板　　　　　图 13-7　【自定义连接字符串】对话框

【知识链接】

可以自定义【连接名称】，如 "xkconn"，但不要在该名称中使用任何空格或特殊字符。在【连接字符串】文本框中输入的连接字符串是：Provider=Microsoft.Jet.OLEDB.4.0;Data Source=F:\mysite\kcdata\kcjxl.mdb。此时，在【Dreamweaver 应连接】选项中应选择【使用此计算机上的驱动程序】。此处，读者需要特别注意的是，由于在连接字符串中使用了绝对路径，在上传远程服务器前或将网页移到其他地方时，必须按实际情况修改数据库路径。但如果在连接字符串中使用 MapPath 方法，则可以避免这种麻烦。在使用 VBScript 作为脚本语言时，MapPath 方法格式如下：

"Provider=Microsoft.Jet.OLEDB.4.0;Data Source=" & Server.MapPath("kcdata\kcjxl.mdb")

如果使用 JavaScript 作为脚本语言，连接字符串格式基本相同，但是要使用 "+" 而不是 "&" 来连接两个字符串。由于在 MapPath 方法中使用了文件的虚拟路径 "Server.MapPath("kcdata\kcjxl.mdb")"，此时在【自定义连接字符串】对话框中必须选择【使用测试服务器上的驱动程序】选项。

5. 单击　测试　按钮，弹出显示 "成功创建连接脚本" 的消息提示框，说明设置成功，如图 13-8 所示。

6. 单击　确定　按钮关闭对话框，然后在【数据库】面板的列表框中单击 ⊞ 按钮可以查看相关数据表，如图 13-9 所示。

图 13-8　消息框

图 13-9　【数据库】面板

【知识链接】

下面对常用的数据库连接字符串简要说明如下（字符串中出现的所有标点，包括点、分号、引号和括号均是英文状态下的格式）。

Access 97 数据库的连接字符串有以下两种格式。

- "Provider=Microsoft.Jet.OLEDB.3.5;Data Source=" & Server.MapPath ("数据库文件相对路径")

- "Provider=Microsoft.Jet.OLEDB.3.5;Data Source=数据库文件物理路径"

Access 2000～Access 2003 数据库的连接字符串有以下两种格式。

- "Provider=Microsoft.Jet.OLEDB.4.0;Data Source=" & Server.MapPath("数据库文件相对路径")

- "Provider=Microsoft.Jet.OLEDB.4.0;Data Source=数据库文件物理路径"

Access 2007 数据库的连接字符串有以下两种格式。

- "Provider=Microsoft.ACE.OLEDB.12.0;Data Source= "& Server.MapPath ("数据库文件相对路径")

- "Provider=Microsoft.ACE.OLEDB.12.0;Data Source=数据库文件物理路径"

SQL 数据库的连接字符串格式如下。

- "PROVIDER=SQLOLEDB;DATA SOURCE=SQL 的服务器名称或 IP 地址;UID=用户名;PWD=数据库密码;DATABASE=数据库名称"

代码中的"Server.MapPath()"指的是文件的虚拟路径，使用它可以不理会文件具体存在服务器上的哪个分区下面，只要使用相对于网站根目录或者相对于文档的路径就可以了。

（二）　制作"index.asp"中的数据列表

在"index.asp"主页面的"动态公告"下面将显示规定数量的动态公告标题，单击标题可打开网页"content.asp"查看通告的具体内容，这就要用到显示记录的基本知识，如记录集、动态数据、重复区域等。

【操作步骤】

网页不能直接访问数据表中存储的记录，要想显示数据表中的记录必须创建记录集。记录集可以包括数据库表中所有的行和列，也可以包括某些行和列。

1. 打开文档"index.asp"，然后在【服务器行为】面板中单击□按钮，在弹出的菜单中选择【记录集】命令，打开【记录集】对话框。

【知识链接】

在 Dreamweaver 中，根据不同的需求，【记录集】对话框可构建不同的记录集。读者可将记录集想象成一个动态变化的表格，这个表格的数据是从数据库中按照一定的规则筛选出来的。即使针对同一个数据表，规则不同，产生的记录集也不同。在 Dreamweaver 8 中创建记录集是在对话框中完成的，通常不需要手工编写代码，当然也可以单击 高级... 按钮修改 SQL 代码来创建更复杂的记录集。创建记录集也可以通过以下方法来打开【记录集】对话框来。

- 选择【插入】/【应用程序对象】/【记录集】命令。
- 在【绑定】面板中单击 ⊞ 按钮，在弹出的菜单中选择【记录集】命令。
- 在【插入】/【应用程序】面板中单击 🖺 （记录集）按钮。

2. 在【记录集】对话框中进行参数设置。

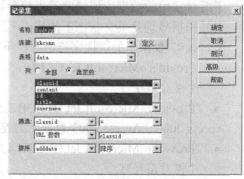

图 13-10　【记录集】对话框

在【名称】文本框中输入"Rsdtgg"，在【连接】下拉列表中选择"xkconn"，在【表格】下拉列表中选择数据表"data"，在【列】按钮组中选择【选定的】单选按钮，按住 Ctrl 键不放，依次在列表框中选择"adddate"、"classid"、"id"、"title"，在【筛选】选项中依次设置"classid"、"="、"URL 参数"、"classid"，然后将【排序】设置为按照"adddate"、"降序"排列，如图 13-10 所示。

　如果只是用到数据表中的某几个字段，那么最好不要将全部字段都选中，因为字段数越多应用程序执行起来就越慢。

【知识链接】

下面对【记录集】对话框中的相关参数简要说明如下。

- 【名称】：记录集的名称，同一页面中可以有多个记录集但不能重名。
- 【连接】：列表中显示已经成功创建的数据库连接，如果没有需要重新定义。
- 【表格】：列表中显示数据库中的所有数据表，根据实际情况进行选择。
- 【列】：用于显示在【表格】下拉列表中选定的数据表中的字段名，默认选择全部的字段，也可按 Ctrl 键来选择特定的某些字段。
- 【筛选】：用于设置创建记录集的规则和条件。在第 1 个列表中选择数据表中的字段；在第 2 个列表中选择运算符，包括"=、>、<、>=、<=、<>、开始于、结束于、包含"9 种；在第 3 个列表中设置传递参数的类型；最后的文本框用于设置传递参数的名称。
- 【排序】：用于设置按照某个字段"升序"或者"降序"进行排序。

3. 单击 编辑... 按钮，打开高级【记录集】对话框，如图 13-11 所示。

4. 单击 高级... 按钮打开高级【编辑参数】对话框，将 URL 参数"classid"的默认值修改为"7"，如图 13-12 所示。

在数据表"lanmu"中设定了"动态公告"栏目的标识"classid"为"7"，在向数据表"data"中添加数据时，便使用这一标识来标记属于"动态公告"栏目的记录。因此，在显示"动态公告"栏目记录时必须设置这一条件。

5. 单击 确定 按钮关闭对话框，在【测试 SQL 指令】对话框中出现选定表中的记录，说明创建记录集成功。

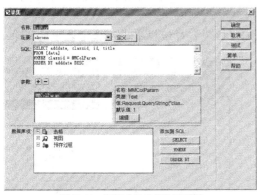 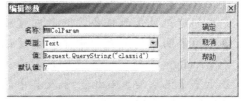

图 13-11　高级【记录集】对话框　　　　　　　图 13-12　【编辑参数】对话框

6. 在高级【记录集】对话框的【SQL】文本框中，将 SQL 代码中的"title"修改为"mid(title,1,22) AS ttitle"，如图 13-13 所示。

```
SELECT adddate, classid, id, mid(title,1,22) AS ttitle
FROM [data]
WHERE classid = MMColParam
ORDER BY adddate DESC
```

图 13-13　修改 SQL 代码

　　SQL 中 as 的用法是给现有的字段名另指定一个别名，特别是当字段名是字母时，采用汉字替代后可以给阅读带来方便。例如，select username as 用户名, passw as 密码 from users。

【知识链接】

　　在主页面中，如果动态公告的标题过长，在显示时可能会变成两行，这样看起来不美观。因此，这里使用了 mid() 函数来设置动态公告标题只显示其前 22 个字符。下面对 mid() 函数的功能作简要说明。

语法：mid(string, start[, length])

说明：

- string：字符串表达式，从中返回字符。如果 string 包含 Null，将返回 Null。
- start：string 中被取出部分字符的起始位置。如果 start 超过 string 的字符数，Mid() 返回零长度字符串。
- length：可选参数，要返回的字符数。如果省略或 length 超过文本的字符数（包括 start 处的字符），将返回字符串中从 start 到尾端的所有字符。

　　在本项目的实例中，也可使用 left(string, length) 函数来左截取字符串。

　　如果后台数据库是 SQL Server 类型，在返回字符串时应该使用 substring() 函数而不是 mid() 函数。下面对 substring() 函数的功能作简要说明。

语法：substring (expression, start, length)

说明：

- expression：字符串、二进制字符串、文本、图像、列或包含列的表达式。
- start：整数或可以隐式转换为 int 的表达式，指定子字符串的开始位置。
- length：整数或可以转换为 int 的表达式，指定子字符串的长度。
- 返回值：如果 expression 是一种支持的字符数据类型，则返回字符数据；如果 expression 是一种支持的二进制数据类型，则返回二进制数据；如果 start = 1，则子字符串从表达式的第一个字符开始。

7. 设置完毕后单击 测试 按钮，在【测试 SQL 指令】对话框中出现选定表中的记录，说明创建记录集成功。

8. 关闭【测试 SQL 指令】对话框，然后在【记录集】对话框中单击 确定 按钮，完成创建记录集的任务，此时在【服务器行为】面板的列表框中添加了【记录集（Rsdtgg）】行为，在【绑定】面板中显示了【记录集（Rsdtgg）】及其中的相应字段，如图 13-14 所示。

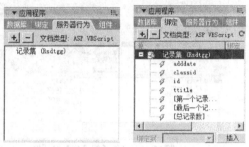

图 13-14　【服务器行为】面板和【绑定】面板

 每次根据不同的查询需要创建不同的记录集，有时在一个页面之中需要创建多个记录集。

9. 如果对创建的记录集不满意，可以在【服务器行为】面板中双击记录集名称或者在其【属性】面板中单击 编辑 按钮，打开【记录集】对话框，对原有设置进行重新编辑，如图 13-15 所示。

图 13-15　记录集【属性】面板

下面将记录集中的数据以动态文本的形式插入到文档中。

 记录集负责从数据库中按照预先设置的规则取出数据，而要将数据插入到文档中，就需要通过动态数据的形式，其中最常用的是动态文本。

10. 将鼠标光标置于括号前面，然后在菜单栏中选择【插入】/【应用程序对象】/【动态数据】/【动态文本】命令，打开【动态文本】对话框。

11. 展开【记录集（Rsdtgg）】，选择【ttitle】选项，【格式】设置为"修整 – 两侧"，然后单击 确定 按钮，插入动态文本，如图 13-16 所示。

图 13-16　插入动态文本

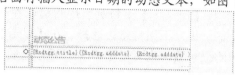

不论设置为"修整–两侧"还是"修整–左"、"修整–右",都是针对字符串数据而言的。其作用是去掉端点的空格,而字符串中的空格将被保留下来。

也可以通过【绑定】面板插入动态文本,下面插入日期动态文本。

12. 切换到【绑定】面板,展开记录集并选中【adddate】选项,然后将鼠标光标置于专利号内点的前面,在【绑定】面板中单击 插入 按钮,插入一个显示日期的动态文本。

13. 用相同的方法在点的后面再插入显示日期的动态文本,如图 13-17 所示。

图13-17 插入动态文本

14. 选中点前面的日期动态文本,并将编辑窗口切换到源代码状态,添加显示月份的函数 month(),然后将点后面的日期动态文本添加显示日的函数 day(),如图 13-18 所示。

```
51        <tr>
52          <td height="20" align="right">○</td>
53          <td align="right"></td>
54          <td align="left" class="linktext"><a href="content.asp?id="></a><%= Trim((
Rsdtgg.Fields.Item("ttitle").Value)) %><%=(Rsdtgg.Fields.Item("adddate").Value)%><%=
<%=(Rsdtgg.Fields.Item("adddate").Value)%>)</td>
55        </tr>
```

```
51        <tr>
52          <td height="20" align="right">○</td>
53          <td align="right"></td>
54          <td align="left" class="linktext"><a href="content.asp?id="></a><%= Trim((
Rsdtgg.Fields.Item("ttitle").Value)) %><%=month((Rsdtgg.Fields.Item("adddate").
Value)%>.<%=day((Rsdtgg.Fields.Item("adddate").Value)%>)</td>
55        </tr>
```

图13-18 修改源代码

这里希望日期按"6.16"这种格式显示,因此在点前后各插入了一次日期动态文本,并分别使用函数 month()、day()将月和日单独显示出来。

下面添加重复区域。只有添加了重复区域,记录才能一条一条地显示出来,否则将只显示记录集中的第 1 条记录。

15. 将光标置于文本"○"所在的单元格内,然后用鼠标单击编辑窗口底部标签选择器中的最右端的"<tr>"来选中该行,如图 13-19 所示。

图13-19 选择要重复的行

16. 在【服务器行为】面板中单击 按钮,在弹出的菜单中选择【重复区域】命令,打开【重复区域】对话框,将【记录集】设置为"Rsdtgg",将【显示】记录设置为"12",如图 13-20 所示。

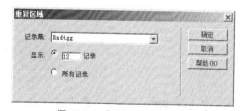

17. 单击 确定 按钮关闭对话框,所选择的行

图13-20 【重复区域】对话框

被定义为重复区域，如图 13-21 所示。

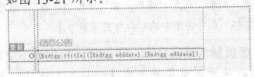

图 13-21　文档中的重复区域

【知识链接】

在【重复区域】对话框中，【记录集】下拉列表中将显示在当前网页文档中定义的所有记录集名称，如果只有一个记录集，不用特意去选择。在【显示】选项组中，可以在文本框中输入数字定义每页要显示的记录数，也可以选择显示所有记录，在数据量大的情况下不适合选择显示所有记录。

在主页面的"动态公告"栏目下只显示 12 条记录，因此这里不需要设置分页功能。由于单击"动态公告"栏目下的标题可以打开网页"content.asp"查看详细内容，因此，在主页面中需要为动态文本"{Rsdtgg.ttitle}"创建超级链接并设置传递参数。

18. 选中动态文本"{Rsdtgg.ttitle}"，然后在【属性】面板中单击【链接】后面的🗀按钮，打开【选择文件】对话框，在文件列表中选择网页文件"content.asp"。

19. 在【选择文件】对话框中单击【URL:】后面的 参数... 按钮，打开【参数】对话框，在【名称】文本框中输入"id"，在【值】文本框中单击右侧的🗲按钮，打开【动态数据】对话框，选择【记录集（Rsdtgg）】/【id】选项，然后单击 确定 按钮，返回【参数】对话框，如图 13-22 所示。

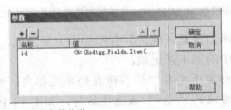

图 13-22　设置页面间的参数传递

20. 在【参数】对话框中单击 确定 按钮，返回【选择文件】对话框，如图 13-23 所示。

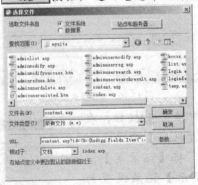

图 13-23　【选择文件】对话框

21. 单击 确定 按钮，关闭【选择文件】对话框并保存文件。

【知识链接】

经过设置【URL:】参数选项，【URL:】后面的文本框中出现了下面一条语句："content.asp?id=<%=(Rsdtgg.Fields.Item("id").Value)%>"，当单击主页面中的标题时，将打开文件"content.asp"，同时将该标题的"id"参数传递给"content.asp"，从而使该页面只显示符合该条件的记录。

（三） 制作"list.asp"中的数据列表

在主页面的页眉和二级页面的左侧都有导航栏，单击导航栏中的"学科简介"、"研究队伍"、"人才培养"、"学术成果"、"学术交流"、"教育资源"、"动态公告"超级链接时，它们都会打开一个共同的网页文档"list.asp"，并且传递了相应的参数值"classid"，以保证该页显示相应栏目的内容。下面制作"list.asp"中的数据列表，在"list.asp"中将创建两个记录集"Rslanmu"和"Rsxueke"。

【操作步骤】

1. 打开文档"list.asp"，然后在【服务器行为】面板中单击⊞按钮，在弹出的菜单中选择【记录集】命令，打开【记录集】对话框，创建记录集"Rslanmu"，如图 13-24 所示。
2. 接着继续创建记录集"Rsxueke"，如图 13-25 所示。

图 13-24 创建记录集"Rslanmu"

图 13-25 创建记录集"Rsxueke"

3. 切换到【绑定】面板，展开记录集"Rslanmu"，将字段"lanmuname"拖曳到文档中栏目标题位置处，然后展开记录集"Rsxueke"，将字段"title"拖曳到文档中括号的前面，将字段"adddate"拖曳到文档中括号内，如图 13-26 所示。

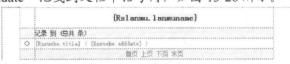

图 13-26 添加动态文本

 创建两个记录集的目的是，"Rslanmu"用来显示栏目大标题，"Rsxueke"用来显示属于相应栏目的记录，URL 参数"classid"决定了这两个记录集栏目标题和内容是相对应的。

4. 选中数据显示行，添加重复区域，如图 13-27 所示。

下面设置记录集分页。在定义了记录集每页显示的记录数后，那么要实现翻页效果就必须用到记录集分页功能。

图 13-27 添加重复区域

5. 选中文本"首页"，然后在【服务器行为】面板中单击 ➕ 按钮，在弹出的菜单中选择
   【记录集分页】/【移至第一条记录】命令，打开【移至第一条记录】对话框，在【记
   录集】下拉列表中选择"Rsxueke"，如图 13-28 所示。

6. 接着选中文本"上页"，在【服务器行为】面板中单击 ➕ 按钮，在弹出的菜单中选择
   【记录集分页】/【移至上一条记录】命令，打开【移至前一条记录】对话框，在【记
   录集】下拉列表中选择"Rsxueke"，如图 13-29 所示。

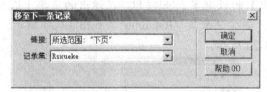
图 13-28　【移至第一条记录】对话框

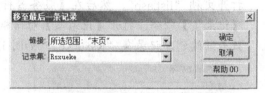
图 13-29　【移至前一条记录】对话框

7. 按照相同的方法，分别给文本"下页"和"末页"添加"移至前一条记录"、"移至最
   后一条记录"功能，如图 13-30 所示。

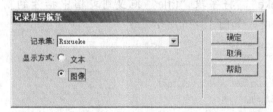
图 13-30　给文本"下页"和"末页"添加翻页功能

【知识链接】

也可以选择【插入】/【应用程序对象】/【记录集分页】/【记录集导航条】命令，打开
【记录集导航条】对话框来添加分页功能，如图 13-31 所示，这时不需要提前输入翻页提示
文本，将自动添加。在【记录集导航条】对话框中，【记录集】下拉列表中将显示在当前网
页文档中已定义的所有记录集名称，如果只有一个记录集，不用特意去选择。在【显示方
式】选项中，如果选择【文本】单选按钮，则会添加文字用作翻页指示；如果选择【图像】
单选按钮，则会自动添加 4 幅图像用作翻页指示。

图 13-31　【记录集导航条】对话框

下面添加记录记数功能。如果在显示记录时，能够显示每页显示的记录在记录集中的起
始位置以及记录的总数，肯定是比较理想的选择。

8. 在【绑定】面板中展开记录集"Rsxueke"，将"[第一个记录索引]"拖曳到文档中的文
   本"记录"和"到"中间，然后用同样的方法将"[最后一个记录索引]"拖曳到文档中
   文本"到"的后面，将"[总记录数]"拖曳到文档中文本"总共"的后面，如图 13-32
   所示。

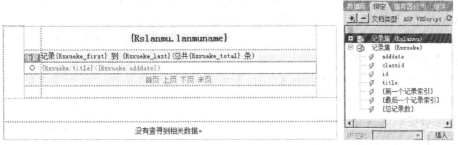

图 13-32 添加记录记数功能

【知识链接】

也可以选择【插入】/【应用程序对象】/【显示记录计数】/【记录集导航状态】命令，打开记录集导航状态对话框来添加记录记数功能，如图 13-33 所示，这时不需要提前输入记录记数的相关提示文本，将自动添加。在对话框中，【Recordset】下拉列表中将显示在当前网页文档中已定义的所有记录集名称，如果只有一个记录集，不用特意去选择。

图 13-33 记录集导航状态对话框

下面添加显示区域功能。在网页 "list.asp" 中，如果记录集不为空则显示数据列表，如果记录集为空，即没有找到符合条件的记录，则应显示提示信息 "没有查寻到相关数据。"

9. 选中含有数据列表的表格，然后在【服务器行为】面板中单击⊞按钮，在弹出的菜单中选择【显示区域】/【如果记录集不为空则显示区域】命令，打开对话框进行设置，如图 13-34 所示。

图 13-34 设置显示区域

10. 选中含有 "没有查寻到相关数据。" 的表格，然后在【服务器行为】面板中单击⊞按钮，在弹出的菜单中选择【显示区域】/【如果记录集为空则显示区域】命令，设置记录集为空的显示区域，如图 13-35 所示。

图 13-35 设置显示区域

由于单击标题可以打开网页"content.asp"查看详细内容，因此，需要为动态文本"{Rsxueke.title}"创建超级链接并设置传递参数。

11. 选中动态文本"{Rsxueke.title}"，然后在【属性】面板中单击【链接】后面的 按钮，打开【选择文件】对话框，在文件列表中选择网页文件"content.asp"。

12. 在【选择文件】对话框中单击【URL：】后面的 参数... 按钮，打开【参数】对话框，在【名称】文本框中输入"id"，在【值】文本框中单击右侧的 按钮，打开【动态数据】对话框，选择【记录集（Rsxueke）】／【id】选项，然后单击 确定 按钮，返回【参数】对话框，如图 13-36 所示。

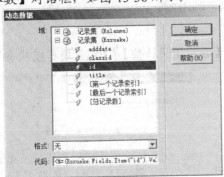

图 13-36　设置页面间的参数传递

13. 在【参数】对话框中单击 确定 按钮，返回【选择文件】对话框，再单击 确定 按钮，关闭【选择文件】对话框。

14. 保存文件。

（四）　制作"content.asp"中的数据列表

在"index.asp"主页面中单击记录标题和在"list.asp"中单击记录标题都将打开网页"content.asp"，并且传递了相应的 URL 参数"id"，因此，在"content.asp"中必须创建针对 URL 参数"id"的记录集，并将动态文本插入到页面中。

【操作步骤】

1. 打开文档"content.asp"，然后在【服务器行为】面板中单击 按钮，在弹出的菜单中选择【记录集】命令，创建记录集"Rscontent"，如图 13-37 所示。

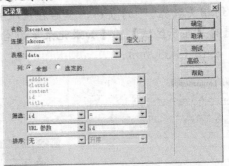

图 13-37　创建记录集"Rscontent"

2. 在【绑定】面板中，展开【记录集（Rscontent）】，然后依次将字段"title"、"content"、"username"、"adddate"插入到文档中相应的位置。

3. 选中含有数据的表格，然后在【服务器行为】面板中单击⊞按钮，在弹出的菜单中选择【显示区域】/【如果记录集不为空则显示区域】命令，将其设置为记录集不为空的显示区域，然后将含有文本"没有查寻到相关数据。"的表格设置为记录集为空的显示区域，如图 13-38 所示。

图 13-38　设置显示区域

4. 保存文件。

任务三　制作后台页面

本任务主要是制作管理系统的后台页面，涉及的知识点主要有插入记录、更新记录、删除记录等。

（一）　制作添加内容页面

负责向数据表中插入记录的网页，通常由两部分组成：一个是允许用户输入数据的表单，另一个是负责插入记录的服务器行为。可以使用表单工具创建表单页面，然后再使用【插入记录】服务器行为设置插入记录功能。下面设置页面中的插入记录服务器行为。

【操作步骤】

1. 打开网页文档"adminappend.asp"，如图 13-39 所示。

图 13-39　表单页面

本文档中的表单已经制作好，各个表单对象的名称均与数据库中表的相应字段名称保持一致，以便于实际操作。

下面首先创建记录集"Rslanmu"。

2. 在【服务器行为】面板中单击 按钮，在弹出的下拉菜单中选择【记录集】命令，创建记录集"Rslanmu"，如图 13-40 所示。

3. 在文档中选中"栏目"后面的列表/菜单域，然后在【属性】面板中单击 动态... 按钮打开【动态列表/菜单】对话框，参数设置如图 13-41 所示。

图 13-40　创建记录集"Rslanmu"　　　　　　　　　图 13-41　【动态列表/菜单】对话框

4. 单击 确定 按钮关闭对话框，【属性】面板如图 13-42 所示。

图 13-42　【属性】面板

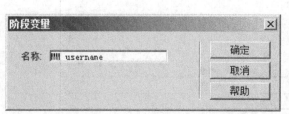

创建记录集"Rslanmu"的目的是为了能够在【列表/菜单】域中显示栏目列表，供用户选择。如果数据库中没有创建关于栏目的数据表，也可通过添加静态选项的方式进行，但在多个相关页面中反复添加相同的内容会比较麻烦。

下面创建和设置阶段变量。

5. 在【绑定】面板中单击 按钮，在弹出的菜单中选择【阶段变量】命令，打开【阶段变量】对话框，在【名称】文本框中输入变量名称"MM_username"，并单击 确定 按钮，如图 13-43 所示。

图 13-43　创建阶段变量

6. 在页面中选中隐藏域"username"，然后在【属性】面板中单击【值】文本框后面的 按钮，打开【动态数据】对话框，选中阶段变量"MM_username"并单击 确定 按钮，如图 13-44 所示。

图 13-44 设置阶段变量

表单中还有一个隐藏域"adddate"，其值已设置为"<% =date() %>"，表示获取当前日期，即插入记录的日期，如图 13-45 所示。

图 13-45 表单【属性】面板

【知识链接】

在 Dreamweaver 中创建登录应用程序后，将自动生成相应的 Session 变量，如"Session("MM_username")"，用来在网站中记录当前登录用户的用户名等信息，变量的值会在网页中相互传递，还可以用它们来验证用户是否登录。每个登录用户都有自己独立的 Session 变量，当用户注销离开或关闭浏览器后，变量会清空。

下面添加插入记录服务器行为。

7. 在【服务器行为】面板中单击 按钮，在弹出的下拉菜单中选择【插入记录】命令，打开【插入记录】对话框。

8. 在【连接】下拉列表中选择已创建的数据库连接"xkconn"选项，在【插入到表格】下拉列表中选择数据表"data"选项，在【插入后，转到】文本框中设置插入记录后要转到的页面，此处为"adminappendsuccess.htm"。

9. 在【获取值自】下拉列表中选择表单的名称"form1"选项，在【表单元素】下拉列表中选择第 1 行的选项，然后在【列】下拉列表中选择数据表中与之相对应的字段名，在【提交为】下拉列表中选择该表单元素的数据类型，如图 13-46 所示。

如果表单对象的名称与数据表中的字段名称是一致的，这里将自动对应。只有在表单对象的名称与数据表中的字段名称是不一致时，才需要手工操作进行一一对应。

10. 单击 确定 按钮，向数据表中添加记录的设置就完成了，如图 13-47 所示。

在【服务器行为】面板中，双击服务器行为，如"插入记录（表单"form1"）"，可打开相应对话框，对参数进行重新设置。选中服务器行为，单击 按钮，可将该行为删除。

图 13-46 【插入记录】对话框

图 13-47 插入记录服务器行为

11. 添加完 "插入记录" 服务器行为后，表单【属性】面板的【动作】文本框中添加了动作代码 "<%=MM_editAction%>"，如图 13-48 所示。

图 13-48 表单【属性】面板

12. 同时在表单中还添加了一个隐藏区域 "MM_insert"，如图 13-49 所示。

图 13-49 隐藏区域 "MM_insert"

13. 保存文件 "adminappend.asp"，然后打开文件 "adminappendsuccess.htm"。

14. 在菜单栏中选择【插入】／【HTML】／【文件头标签】／【刷新】命令，打开【刷新】对话框，设置延迟时间为 "2" 秒，转到 URL 为 "adminappend.asp"，如图 13-50 所示。

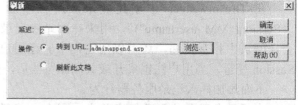

图 13-50 【刷新】对话框

15. 单击 确定 按钮，关闭对话框并保存文件。

【知识链接】

文件头标签也就是通常所说的 META 标签。META 标签在网页中是看不到的，因为它包含在 HTML 中的 "<head>…</head>" 标签之间。所有包含在该标签之间的内容在网页中都是不可见的，所以通常也叫做文件头标签。在菜单栏的【插入】／【HTML】／【文件头标签】中包含了常用的文件头标签，其中的【刷新】命令可以定时刷新网页。在【刷新】对话框包含以下两项内容。

- 【延迟】：表示网页被浏览器下载后所停留的时间，以 "秒" 为单位。
- 【操作】：一个是【转到 URL】选项，通过右边的 浏览… 按钮来输入动作所转向的网页或文档的 URL；另一个是【刷新此文档】选项，也就是重新将当前的网页从服务器端载入，将已经改变的内容重新显示在浏览器中。

（二） 制作编辑内容页面

下面主要是制作供管理人员使用的编辑内容列表页面，管理人员从该页面可以进入修改内容页面，也可以进入删除内容页面。

【操作步骤】

1. 打开文档"adminlist.asp"，然后创建记录集"Rslanmu"，参数设置如图 13-51 所示。

2. 在【绑定】面板中，展开记录集"Rslanmu"，然后将字段"lanmuname"插入到"编辑内容-"的后面，如图 13-52 所示。

图 13-51　创建记录集"Rslanmu"

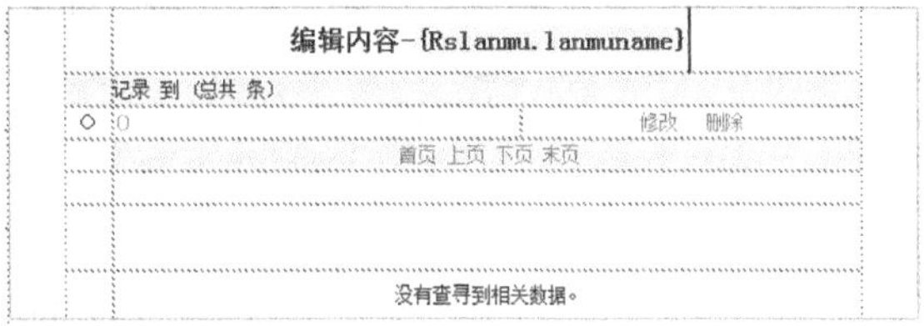

图 13-52　插入动态文本

3. 创建记录集"Rsdata"，选定的字段名有"adddate"、"classid"、"id"和"title"，如图 13-53 所示。

4. 在【绑定】面板中，展开记录集"Rsdata"，然后将字段"adddate"和"title"依次插入到相应的位置，如图 13-54 所示。

图 13-53　创建记录集"Rsdata"

图 13-54　插入动态文本

5. 选中数据显示行，添加重复区域，如图 13-55 所示。

6. 依次选中文本"首页""上页"、"下页"、"末页"，然后分别给它们添加"移至第一条记录"、"移至上一条记录"、"移至下一条记录"、"移至最后一条记录"导航功能，如图 13-56 所示。

图 13-55　添加重复区域

7. 在【绑定】面板中，将"[第一个记录索引]"拖曳到文档中的文本"记录"和"到"中间，将"[最后一个记录索引]"拖曳到文档中文本"到"的后面，将"[总记录数]"拖曳到文档中文本"总共"的后面，如图 13-57 所示。

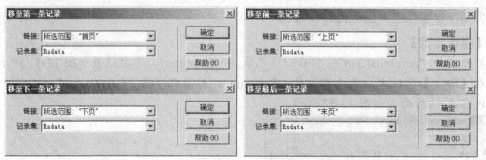

图 13-56　记录集分页

图 13-57　添加记录记数功能

8. 选中含有数据列表的表格，将其设置为"如果记录集不为空则显示区域"，选中含有
"没有查寻到相关数据。"的表格，将其设置为"如果记录集为空则显示区域"，如
图 13-58 所示。

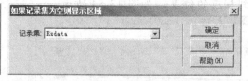

图 13-58　设置显示区域

下面为文本"修改"和"删除"创建超级链接并设置传递参数。

9. 选中文本"修改"，然后在【服务器行为】面板中单击 ⊞ 按钮，在弹出的菜单中选择
【转到详细页面】命令，打开【转到详细页面】对话框，参数设置如图 13-59 所示。

　这与在【属性】面板中创建超级链接，然后单击 参数... 按钮打开【参数】对话框设置
URL 传递参数效果是一样的。

10. 选中文本"删除"，然后打开【转到详细页面】对话框，参数设置如图 13-60 所示。

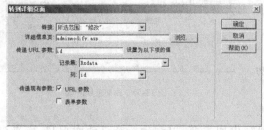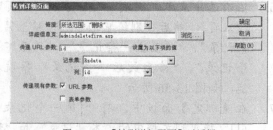

图 13-59　【转到详细页面】对话框　　　　图 13-60　【转到详细页面】对话框

【知识链接】

传递参数有 URL 参数和表单参数两种，即平时所用到的两种类型的变量：QueryString

和 Form。QueryString 主要用来检索附加到发送页面 URL 的信息。查询字符串由一个或多个"名称/值"组成，这些"名称/值"使用一个问号（？）附加到 URL 后面。如果查询字符串中包括多个"名称/值"时，则用符号（&）将它们合并在一起。可以使用"Request.QueryString("id")"来获取 URL 中传递的变量值，如果传递的 URL 参数中只包含简单的数字，也可以将 QueryString 省略，只采用 Request ("id")的形式。Form 主要用来检索表单信息，该信息包含在使用 POST 方法的 HTML 表单所发送的 HTTP 请求正文中。可以采用"Request.Form("id")"语句来获取表单域中的值。

图 13-61 后台编辑页面

11. 保存文件，效果如图 13-61 所示。

（三） 制作修改内容页面

由于在"adminlist.asp"中单击"修改"可以打开文档"adminmodify.asp"并同时传递"id"参数，因此在制作"adminmodify.asp"页面时，首先需要根据传递的"id"参数创建记录集，然后在单元格中设置动态文本字段，最后插入更新记录服务器行为，更新数据表中的字段内容。

【操作步骤】

1. 打开文档"adminmodify.asp"，然后创建记录集"Rslanmu"，如图 13-62 所示。
2. 接着创建记录集"Rsdata"，如图 13-63 所示。

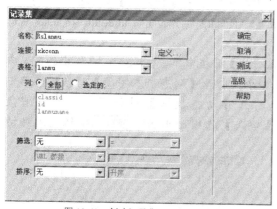

图 13-62 创建记录集"Rslanmu"

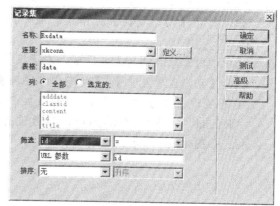

图 13-63 创建记录集"Rsdata"

3. 选中"标题"右侧的文本域，在【属性】面板中单击【初始值】文本框后面的 ☑ 按钮，打开【动态数据】对话框，展开记录集"Rsdata"并选中"title"，然后单击 确定 按钮，如图 13-64 所示。

 也可以直接在【服务器行为】面板中单击 ➕ 按钮，在弹出的菜单中选择【动态表单元素】/【动态文本字段】命令，打开【动态文本字段】对话框进行设置。

图 13-64　设置动态文本域

4. 选中"栏目"右侧的列表/菜单域，然后在【属性】面板中单击  动态… 按钮，打开【动态列表/菜单】对话框进行参数设置。接着单击【选取值等于】文本框后面的 按钮，打开【动态列表/菜单】对话框并进行相应的参数设置，如图 13-65 所示。

图 13-65　【动态列表/菜单】对话框

5. 选中"添加日期"右侧的文本域，在【属性】面板中单击【初始值】文本框后面的 按钮，打开【动态数据】对话框，展开记录集"Rsdata"并选中"adddate"，然后单击 确定 按钮。

6. 选中"内容"右侧的文本区域，在【服务器行为】面板中单击 按钮，在弹出的菜单中选择【动态表单元素】/【动态文本字段】命令，打开【动态文本字段】对话框。单击【将值设置为】文本框后面的 按钮，打开【动态数据】对话框，展开记录集"Rsdata"并选中"content"，然后设置【格式】选项，单击 确定 按钮关闭对话框，如图 13-66 所示。

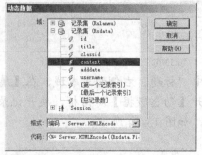

图 13-66　【动态文本字段】对话框

　　在动态文本区域中，"编码 – Server.HTMLEncode"的作用是把含有 HTML 代码的文本转换成 HTML 格式进行显示，而不是显示 HTML 代码。

下面插入更新记录服务器行为。

7. 在【服务器行为】面板中单击[+]按钮，在弹出的菜单中选择【更新记录】命令，打开【更新记录】对话框，参数设置如图 13-67 所示。

8. 保存文件，效果如图 13-68 所示。

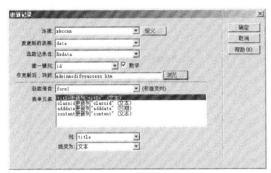

图 13-67 【更新记录】对话框   图 13-68 插入更新记录服务器行为

9. 打开文件 "adminmodifysuccess.htm"，在菜单栏中选择【插入】/【HTML】/【文件头标签】/【刷新】命令，打开【刷新】对话框，设置延迟时间为 "2" 秒，转到 URL 为 "adminindex.asp"。

10. 最后保存文件。

（四） 制作删除内容页面

由于在 "adminlist.asp" 中单击 "删除" 文本，可以打开文档 "admindeletefirm.asp" 并同时传递 "id" 参数。文档 "admindeletefirm.asp" 的主要作用是，让管理人员进一步确认是否要真的删除所选择的记录，如果确定删除可以单击该页面中的【确认删除】按钮，进行删除操作。

【操作步骤】

1. 打开文档 "admindeletefirm.asp"，根据从文档 "adminlist.asp" 传递过来的参数 "id" 创建记录集 "Rsdel"，如图 13-69 所示。

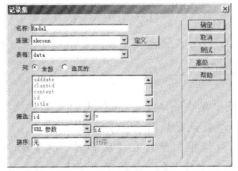

图 13-69 创建记录集 "Rsdel"

2. 在文档中相应位置插入动态文本字段 "title" 和 "adddate"。

3. 在【服务器行为】面板中单击田按钮，在弹出的菜单中选择【删除记录】命令，打开【删除记录】对话框并进行参数设置，如图 13-70 所示。

4. 单击 确定 按钮关闭对话框，最后保存文件，效果如图 13-71 所示。

5. 打开文件"admindeletesuccess.htm"，在菜单栏中选择【插入】/【HTML】/【文件头标签】/【刷新】命令，打开【刷新】对话框，设置延迟时间为"2"秒，转到 URL为"adminindex.asp"。

6. 最后保存文件。

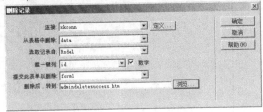

图 13-70 【删除记录】对话框

图 13-71 删除内容页面

任务四 用户身份验证

本任务主要是设置后台页面的检查新用户名、用户登录和注销、限制对页的访问等基本知识。

（一） 制作用户注册页面

用户注册的实质就是向数据库中添加用户名、密码等信息，可以使用【插入记录】服务器行为来完成。但有一点需要注意，就是用户名不能重复，也就是说，数据表中的用户名必须是唯一的，这可以通过【检查新用户名】服务器行为来完成。

【操作步骤】

1. 打开文档"adminuserreg.asp"，如图 13-72 所示。

图 13-72 打开网页文档

 在注册页面中有一个隐藏域"rights"，默认值是"2"，即注册的用户默认属于"操作组"级别而不是"系统组"级别。

2. 在【服务器行为】面板中单击田按钮，在弹出的菜单中选择【插入记录】命令，打开【插入记录】对话框，参数设置如图 13-73 所示。

3. 单击 确定 按钮关闭对话框，然后在【服务器行为】面板中单击田按钮，在弹出的菜单中选择【用户身份验证】/【检查新用户名】命令，打开【检查新用户名】对话框，参数设置如图 13-74 所示。

4. 最后保存文档。

图 13-73　【插入记录】对话框　　　　　　　　图 13-74　【检查新用户名】对话框

（二）　用户登录和注销

在一些带有数据库的网站，后台管理页面是不允许普通用户访问的，只有管理员经过登录后才能访问，访问完毕后通常注销退出。登录、注销的原理是，首先将登录表单中的用户名、密码或权限与数据库中的数据进行对比，如果用户名、密码和权限正确，那么允许用户进入网站，并使用阶段变量记录下用户名，否则提示用户错误信息，而注销过程就是将成功登录的用户的阶段变量清空。下面将在文档"login.asp"中提供登录功能，在文档"adminindex.asp"中提供注销功能。

【操作步骤】

1. 打开网页文档"login.asp"，如图 13-75 所示。
2. 在【服务器行为】面板中单击 ➕ 按钮，在弹出的菜单中选择【用户身份验证】/【登录用户】命令，打开【登录用户】对话框。
3. 将登录表单"form1"中的表单对象与数据表"users"中的字段相对应，也就是说，将【用户名字段】与【用户名列】对应，【密码字段】与【密码列】对应，然后将【如果登录成功，转到】设置为"adminindex.asp"，将【如果登录失败，转到】设置为"loginfail.htm"，将【基于以下项限制访问】设置为"用户名、密码和访问权限"，并在【获取级别自】下拉列表中选择"rights"，如图 13-76 所示。

> 如果选择了【转到前一个 URL（如果它存在）】选项，那么无论从哪一个页面转到登录页，只要登录成功，就会自动回到那个页面。

图 13-75　打开文档"login.asp"

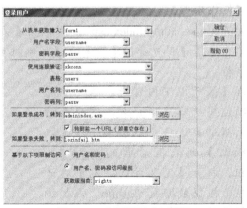

图 13-76　【登录用户】对话框

4. 设置完成后保存文件。

  用户登录成功后，将直接转到"adminindex.asp"。通常，在登录成功后，可以在页面显示登录者的用户名，下面进行设置。

5. 打开文档"adminindex.asp"，然后将【绑定】面板中的"MM_username"变量插入到文本"欢迎用户【 】登录本系统!"中的"【 】"内，如图 13-77 所示。

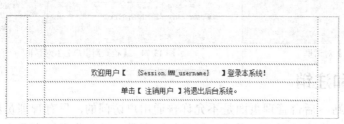

图 13-77　绑定用户

  如果退出系统最好注销用户，下面制作"注销登录"功能。

6. 选中文本"注销用户"，然后在【服务器行为】面板中单击 按钮，在弹出的菜单中选择【用户身份验证】/【注销用户】命令，打开【注销用户】对话框，参数设置如图 13-78 所示。

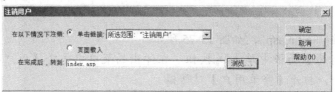

图 13-78　【注销用户】对话框

7. 最后保存文件。

（三）　限制对页的访问

  网站的后台管理页面只有管理人员通过用户登录后才可访问，即使是管理人员，权限不同，能够允许访问的页面也不完全一样，这就需要使用【限制对页的访问】服务器行为来设置页面的访问权限。下面对文档"adminindex.asp"、"adminappend.asp"、"adminlist.asp"、"adminmodify.asp"、"admindeletefirm.asp"和"adminuserreg.asp"添加限制对页的访问功能。

【操作步骤】

1. 打开文档"adminindex.asp"，然后在【服务器行为】面板中单击 按钮，在弹出的菜单中选择【用户身份验证】/【限制对页的访问】命令，打开【限制对页的访问】对话框。

2. 在【基于以下内容进行限制】选项组中选择【用户名、密码和访问级别】选项，然后单击【选取级别】列表框后面的 定义... 按钮，打开【定义访问级别】对话框，根据数据表"group"添加访问级别，如图 13-79 所示。

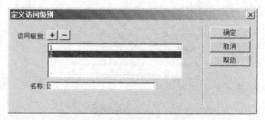

图 13-79　添加访问级别

3. 添加完毕后，单击 确定 按钮返回【限制对页的访问】对话框，在【选取级别】列表框中同时选取"1"和"2"，在【如果访问被拒绝，则转到】文本框中输入"adminrefuse.htm"，如图 13-80 所示。

图 13-80 【限制对页的访问】对话框

4. 单击 确定 按钮关闭对话框，然后运用同样的方法对"adminappend.asp"、"adminlist.asp"、"adminmodify.asp"、"admindeletefirm.asp"网页文档添加"限制对页的访问"功能，允许访问级别为"1"和"2"；接着对"adminuserreg.asp"网页文档添加"限制对页的访问"功能，允许访问级别仅为"1"。

5. 最后保存文件。

项目实训 制作"用户管理"页面

本项目主要介绍了制作交互式网页的基本方法，本实训将让读者进一步巩固所学的基本知识。

要求：在本系统的基础上，制作用户管理部分页面，如图 13-81 所示。

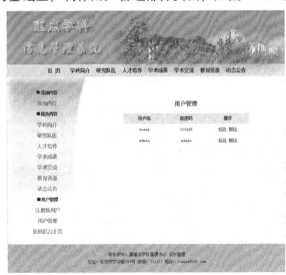

图 13-81 用户管理页面

【操作步骤】

1. 打开文档"adminusersearch.asp"，然后创建记录集"Rsusers"，如图 13-82 所示。

2. 在【绑定】面板中，依次将记录集"Rsusers"中的字段"username"、"passw"插入到文档中适当位置。

3. 选择数据显示行，创建重复区域，如图 13-83 所示。

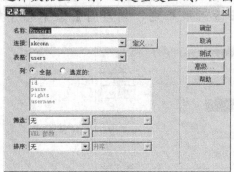

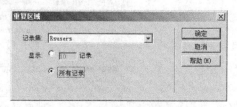

图 13-82 创建记录集 "Rsusers"

图 13-83 设置重复区域

4. 选中文本"修改"，为其创建超级链接"adminusermodify.asp"，并设置 URL 传递参数为"id"。

5. 选中文本"删除"，为其创建超级链接"adminuserdelete.asp"，并设置 URL 传递参数为"id"。

6. 选中文本"用户管理"所在的表格，将其设置为"如果记录集不为空则显示区域"，选中文本"该用户不存在！"所在的表格，将其设置为"如果记录集为空则显示区域"，如图 13-84 所示。

图 13-84 用户管理页面

7. 打开文档"adminusermodify.asp"，然后创建记录集"Rsusers"，如图 13-85 所示。

8. 接着创建记录集"Rsgroup"，如图 13-86 所示。

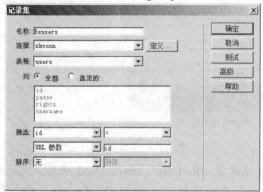

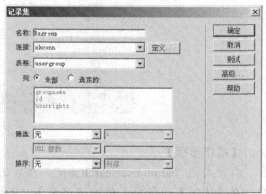

图 13-85 创建记录集 "Rsusers"

图 13-86 创建记录集 "Rsgroup"

9. 选中文本域 "username"，然后在【绑定】面板中选择记录集 "Rsusers" 中的字段 "username"，并单击 ⬚绑定⬚ 按钮将其绑定到选中的 "username" 文本域上；接着将记录集 "Rsusers" 中的字段 "passw" 绑定到密码文本域 "passw" 上，如图 13-87 所示。

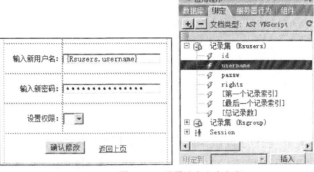

图 13-87 设置动态文本字段

10. 选中 "设置权限" 后面的列表/菜单域 "rights"，然后单击⬚ 动态...⬚按钮，打开【动态列表/菜单】对话框，参数设置如图 13-88 所示。

图 13-88 设置动态数据

11. 插入【更新记录】服务器行为，参数设置如图 13-89 所示。

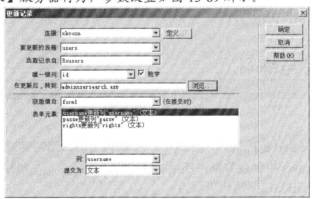

图 13-89 插入【更新记录】服务器行为

12. 打开文档 "adminuserdelete.asp"，然后创建记录集 "Rsusers"，如图 13-90 所示。

13. 在【绑定】面板中，将记录集 "Rsusers" 中的字段 "username" 插入到文档中 "用户名:" 的后面，如图 13-91 所示。

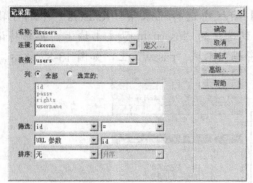

图 13-90　创建记录集"Rsusers"

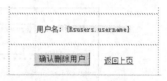

图 13-91　插入动态文本

14. 插入【删除记录】服务器行为，参数设置如图 13-92 所示。

15. 对网页文档"adminusersearch.asp"、"adminusermodify.asp"、"adminuserdelete.asp"添加"限制对页的访问"功能，允许访问级别仅为"1"，如图 13-93 所示。

16. 保存所有文档。

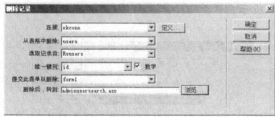

图 13-92　插入【删除记录】服务器行为

图 13-93　设置限制对页的访问功能

项目小结

本项目以重点学科信息管理系统为例，介绍了创建 ASP 应用程序的基本功能，这些功能都是围绕着查询、添加、修改和删除记录展开的。读者在掌握这些基本功能以后，可以在此基础上创建更加复杂的应用程序。

思考与练习

一、填空题

1. ASP（Active Server Pages）是一种_____端网页脚本编写环境。

2. 在 Dreamweaver 中创建数据库连接的方式有两种：_____和数据源名称（DSN）。

3. 简体中文（GB2312）的代码页为_____。

4. 要想显示数据表中的记录必须创建_____，然后通过动态数据的形式显示。

5. 网页间的传递参数有_____和表单参数两种。

6. 为了保证用户名的唯一，可以通过_____服务器行为来完成。

二、选择题

1. Unicode（UTF-8）代码页为（　　）。
    A. 65001　　　　B. 936　　　C. 932　　　D. 950
2. SQL 中（　　）的用法是给现有的字段名另指定一个别名。
    A. insert　　　　B. select　　　C. as　　　D. desc
3. 下面关于语句<%@LANGUAGE="VBSCRIPT" CODEPAGE="936"%>的说法，错误的是（　　）。
    A. 声明该 ASP 动态网页当前使用的编程脚本为 VBSCRIPT
    B. 声明该 ASP 动态网页代码页为简体中文（GB2312）
    C. 该语句通常位于网页源代码的第 1 行
    D. 声明该 ASP 动态网页代码页为简体中文（HZ）

三、问答题

1. 在 Dreamweaver 中创建数据库连接的方式有哪两种？
2. 如果要完整地显示数据表中的记录通常会用到哪些服务器行为？

四、操作题

制作一个简易班级通信录管理系统，具有浏览记录和添加记录的功能，并设置非管理员只能浏览记录，管理员才可以添加记录。

【操作提示】

（1）首先创建一个能够支持"ASP VBScript"服务器技术的站点，然后将"素材"文件夹下的内容复制到该站点根目录下。

下面设置浏览记录页面"index.asp"。

（2）使用【自定义连接字符串】建立数据库连接"conn"，使用测试服务器上的驱动程序。

（3）创建记录集"Rs"，在【连接】下拉列表中选择"conn"选项，在【表格】下拉列表中选择"student"选项，在【排序】下拉列表中选择"xuehao"和"升序"选项。

（4）在"学号"下面的单元格内插入记录集"Rs"中的"xuehao"，然后依次在其他单元格内插入相应的动态文本。

（5）设置重复区域，在【重复区域】对话框中将【记录集】设置为"Rs"，将【显示】设置为"所有记录"。

下面设置添加记录页面"addstu.asp"。

（6）打开【插入记录】对话框，在【连接】下拉列表中选择数据库连接"conn"，在【插入到表格】下拉列表中选择数据表"student"，在【获取值自】下拉列表中选择表单的名称"form1"，并检查数据表与表单对象的对应关系。

下面设置用户登录和限制对页的访问。

（7）设置用户登录页面。在文档"login.asp"中，打开【登录用户】对话框，将登录表单"form1"中表单域与数据表"login"中的字段相对应，然后将【如果登录成功，转到】选项设置为"addstu.asp"，将【如果登录失败，转到】选项设置为"login.htm"，将【基于以下项限制访问】选项设置为"用户名和密码"。

（8）限制对页的访问。在文档"addstu.asp"中，打开【限制对页的访问】对话框，在【基于以下内容进行限制】选项中选择【用户名和密码】单选按钮，在【如果访问被拒绝，则转到】文本框中输入"login.asp"。

项目十四

测试和发布网站

站点网页制作完成以后，首先需要在本地进行测试以检查网页是否有错误。在确认所有网页都正常的情况下，才可以利用 FTP 等传输工具将网页上传到远程 Web 服务器。在站点正常运行后，也要适时地进行形式和内容的更新和维护以保持站点的吸引力。本项目将结合实际操作介绍测试网站、配置 IIS 服务器和发布网站的基本知识。

学习目标

学会通过 Dreamweaver 测试网站的方法。
学会在 IIS 中配置 Web 服务器的方法。
学会在 IIS 中配置 FTP 服务器的方法。
学会通过 Dreamweaver 发布网站的方法。

任务一 测试网站

下面简要介绍测试网站的一些方法，如检查链接、改变链接、查找和替换功能、清理文档等。

（一）检查链接

发布网页前需要对网站中的超级链接进行测试，Dreamweaver 8 提供了对整个站点的链接统一进行检查的功能。

【操作步骤】

1. 在菜单栏中选择【窗口】/【结果】命令，在【结果】面板中切换到【链接检查器】选项卡，如图 14-1 所示。

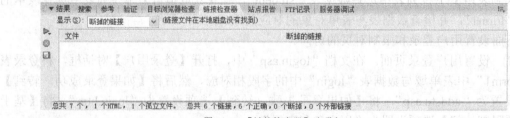

图 14-1 【链接检查器】选项卡

2. 在【显示】选项的下拉列表中选择检查链接的类型。
3. 单击 ▶ 按钮，在弹出的下拉菜单中选择【为整个站点检查链接】选项，Dreamweaver 8

将自动开始检测站点里的所有链接，结果也将显示在【文件】列表中。

【知识链接】

【显示】选项将链接分为 3 大类：【断掉的链接】、【外部链接】和【孤立文件】。对于断掉的链接，可以在【文件】列表中双击文件名，打开文件对链接进行修改；对于外部链接，只能在网络中测试其是否好用；孤立文件不是错误，不必对其进行修改。将所有检查结果修改完毕后，再对链接进行检查，直至没有错误为止。

（二） 改变链接

如果要更改网站中的链接，在此链接涉及很多文件的情况下，逐个去修改是不可能的。Dreamweaver 8 提供了专门的修改方法。

【操作步骤】

1. 在菜单栏中选择【站点】/【改变站点范围的链接】命令，打开【更改整个站点链接】对话框，如图 14-2 所示。
2. 分别单击▢图标，设置【更改所有的链接】和【变成新链接】选项。
3. 单击 确定 按钮，系统将弹出一个【更新文件】对话框，询问是否更新所有与发生改变的链接有关的页面，如图 14-3 所示。

图 14-2 【更改整个站点链接】对话框

图 14-3 【更新文件】对话框

4. 单击 更新(U) 按钮，完成更新。

（三） 查找和替换

如果要同时修改多个文档中相同的内容，可以使用查找和替换功能来实现。

【操作步骤】

1. 通过菜单栏中的【窗口】/【结果】命令，打开【结果】面板，并切换至【搜索】选项卡，然后单击▶按钮，或者在菜单栏中选择【编辑】/【查找和替换】命令，打开【查找和替换】对话框，如图 14-4 所示。

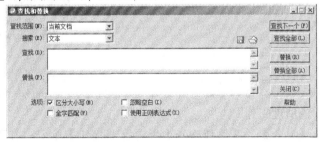

图 14-4 【查找和替换】对话框

【搜索】选项的下拉列表中有 4 个选项："源代码"、"文本"、"文本（高级）"和"指定标签"。有了这 4 个选项，不仅可以改变网页文档中所输入的文本，还可以通过改变文档的源代码来修改网页。

2. 在【搜索】选项的下拉列表中选择"指定标签"选项，对话框的内容立即发生了变化，如图 14-5 所示。

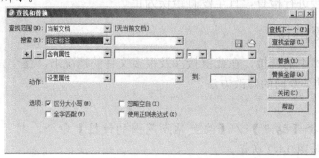

图 14-5　在【搜索】选项的下拉列表中选择【指定标签】选项

读者可以根据实际需要来进行设置参数，这里不再详述。

（四）　清理文档

清理文档就是清理一些空标签或者在 Word 中编辑 HTML 文档时产生的多余标签。

【操作步骤】

1. 首先打开需要清理的文档，然后在菜单栏中选择【命令】/【清理 HTML】命令，打开【清理 HTML/XHTML】对话框，如图 14-6 所示。

2. 在对话框中的【移除】选项组中勾选【空标签区块】和【多余的嵌套标签】复选框，或者在【指定的标签】文本框内输入所要删除的标签（为了避免出错，其他选项一般不做选择）。

3. 将【选项】选项组中的【尽可能合并嵌套的<font>标签】和【完成后显示记录】复选框勾选。

4. 单击 确定 按钮，系统将自动开始清理工作。清理完毕后，弹出一个对话框，报告清理工作的结果，如图 14-7 所示。

图 14-6　【清理 HTML/XHTML】对话框

图 14-7　消息框

接着进行下一步的清理工作。

5. 在菜单栏中选择【命令】/【清理 Word 生成的 HTML】命令，打开【清理 Word 生成的 HTML】对话框，并设置【基本】选项卡中的各项属性，如图 14-8 所示。

图 14-8 【基本】选项卡

6. 切换到【详细】选项卡，选择需要的选项，如图 14-9 所示。
7. 单击 确定 按钮开始清理，清理完毕后将显示消息框，如图 14-10 所示。

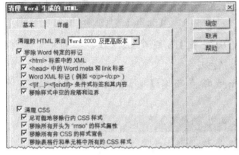

图 14-9 【详细】选项卡

图 14-10 消息框

任务二 配置 IIS 服务器

只有配置了 IIS 中的 Web 服务器，网页才能够被用户正常访问。只有配置了 IIS 中的 FTP 服务器，网页才可以通过 FTP 方式发布到服务器。下面以 Windows XP Professional 中的 IIS 为例，简要介绍配置 Web 服务器和 FTP 服务器的方法。Windows 2000 Server 和 Windows XP Professional 中的 IIS 配置方法相似，但 Windows Server 2003 和 Windows 7 中的 IIS 界面形式和设置方法与较早版本不太一样，希望同学们能够融会贯通。

（一） 配置 Web 服务器

Windows XP Professional 中的 IIS 在默认状态下是没有安装的，所以在第 1 次使用时应首先安装 IIS 服务器。下面介绍配置 Web 服务器的方法。

【操作步骤】
1. 将 Windows XP Professional 光盘放入光驱中。
2. 在【控制面板】窗口中选择【添加或删除程序】选项，打开【添加或删除程序】对话框，单击【添加/删除 Windows 组件（A）】图标，进入【Windows 组件向导】对话框，勾选【Internet 服务器（IIS）】复选框，如图 14-11 所示。
   如果要将 FTP 服务器也安装上，请继续下面的操作。
3. 双击【Internet 服务器（IIS）】选项，打开【Internet 信息服务（IIS）】对话框，勾选【文件传输协议（FTP）服务】复选框，如图 14-12 所示，然后单击 确定 按钮，返回【Windows 组件向导】对话框。

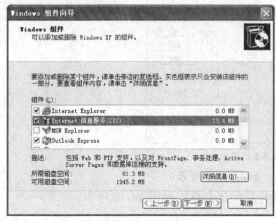

图 14-11 安装 Internet 服务器（IIS）　　　　图 14-12 【Internet 信息服务（IIS）】对话框

4. 单击 下一步(N)> 按钮，稍等片刻，系统就可以自动安装 IIS 这个组件了。
安装完成后还需要配置 IIS 服务，才能发挥它的作用。

5. 在【控制面板】/【管理工具】中双击【Internet 信息服务】选项，打开【Internet 信息服务】对话框，如图 14-13 所示。

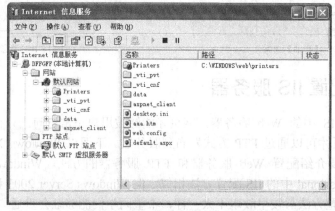

图 14-13 【Internet 信息服务】对话框

6. 选中【默认网站】选项，然后单击鼠标右键，在弹出的快捷菜单中选择【属性】命令，打开【默认网站属性】对话框。切换到【网站】选项卡，在【IP 地址】列表框中输入本机的 IP 地址，如图 14-14 所示。

7. 切换到【主目录】选项卡，在【本地路径】文本框中输入（或单击 浏览(O)... 按钮来选择）网页所在的目录，如 "D:\homesite"，如图 14-15 所示。

图 14-14 设置 IP 地址

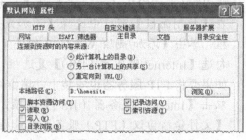

图 14-15 设置主目录

8. 切换到【文档】选项卡，单击 添加(D)... 按钮，在【默认文档名】文本框中输入首页文件名，如 "index.htm"，然后单击 确定 按钮，如图 14-16 所示。

在配置完 IIS 后，打开 IE 浏览器，在地址栏输入 IP 地址后按 Enter 键，就可以打开网站的首页了。前提条件是在这个目录下已经放置了包括主页在内的网页文件。

图 14-16 设置首页文件

（二） 配置 FTP 服务器

下面介绍配置 FTP 服务器的方法。

【操作步骤】

1. 在【Internet 信息服务】对话框中选中【默认 FTP 站点】选项，然后单击鼠标右键，在弹出的快捷菜单中选择【属性】命令，打开【默认 FTP 站点属性】对话框。切换到【FTP 站点】选项卡，在【IP 地址】文本框中输入 IP 地址，如图 14-17 所示。

图 14-17 【FTP 站点】选项卡

2. 切换到【安全账户】选项卡，在【操作员】列表中设置账户，如图 14-8 左图所示。

3. 切换到【主目录】选项卡，在【本地路径】文本框中输入 FTP 目录，如 "D:\homesite"，然后勾选【读取】、【写入】和【记录访问】复选框，如图 14-18 右图所示。

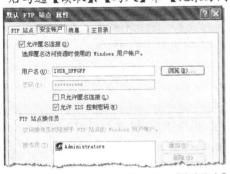 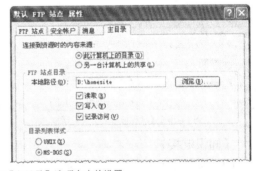

图 14-18 【安全账户】选项卡和【主目录】选项卡中的设置

4. 最后单击 确定 按钮完成配置。

任务三 发布网站

下面简要介绍发布网站和保持同步的基本方法。

（一） 发布网站

下面介绍通过 Dreamweaver 站点管理器发布网页的方法。

【操作步骤】

1. 在 Dreamweaver 8 中定义一个本地静态站点 "mysite"，站点文件夹为 "D:\mysite"，然后将 "项目素材" 文件夹中的内容复制到该文件夹下。

2. 在【文件】/【文件】面板中单击 ⬚（展开/折叠）按钮，展开站点管理器，在【显示】下拉列表中选择要发布的站点 "mysite"，然后单击 ⬚（站点文件）按钮，切换到远程站点状态，如图 14-19 所示。

图 14-19　站点管理器

在图 14-9 所示的【远端站点】栏中提示："若要查看 Web 服务器上的文件，必须定义远程站点。" 这说明在本站点中还没有定义远程站点信息，需要进行定义。

3. 单击【定义远程站点】超级链接，打开站点【远程信息】定义对话框，如图 14-20 所示。

4. 在【访问】下拉列表中选择 "FTP" 选项，然后设置 FTP 服务器的各项参数，如图 14-21 所示。

图 14-20　【远程信息】定义对话框

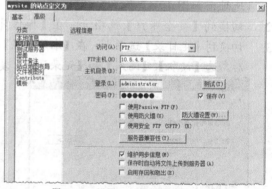

图 14-21　设置 FTP 服务器的各项参数

【知识链接】

FTP 服务器的有关参数说明如下。

- 【FTP 主机】：用于设置 FTP 主机地址。
- 【主机目录】：用于设置 FTP 主机上的站点目录，如果为根目录则不用设置。
- 【登录】：用于设置用户登录名，即可以操作 FTP 主机目录的操作员账户。
- 【密码】：用于设置可以操作 FTP 主机目录的操作员账户的密码。
- 【保存】：是否保存设置。
- 【使用防火墙】：是否使用防火墙，可通过 防火墙设置(W)... 按钮进行具体设置。

5. 单击 测试(T) 按钮，如果出现图 14-22 所示的对话框，说明已连接成功。

6. 最后单击 确定 按钮完成设置，如图 14-23 所示。

图 14-22 成功连接消息提示框

图 14-23 站点管理器

7. 单击工具栏上的  （连接到远端主机）按钮，将会开始连接远端主机，即登录 FTP 服务器。经过一段时间后，按钮上的指示灯变为绿色，表示登录成功了，并且变为按钮（再次单击该按钮就会断开与 FTP 服务器的连接）。由于是第 1 次上传文件，远程文件列表中是空的，如图 14-24 所示。

8. 在【本地文件】列表中，选择站点根目录 "mysite"，然后单击工具栏中的 （上传文件）按钮，会出现一个【您确定要上传整个站点吗？】对话框，单击 确定 按钮将所有文件上传到远端服务器，如图 14-25 所示。

图 14-24 连接到远端主机

图 14-25 上传文件到远端服务器

9. 在上传完所有文件后，单击 按钮，断开与服务器的连接。

上面所介绍的 IIS 中 Web 服务器、FTP 服务器的配置以及站点的发布都是基于 Windows XP Professional 操作系统的，掌握了这些内容，也就基本上掌握了在服务器操作系统中 IIS 的基本配置方法以及在本地上传文件的方法。另外，也可以使用专门的 FTP 客户端软件上传网页。

（二） 保持同步

同步的概念可以这样理解，在远端服务器与本地计算机之间架设一座桥梁，这座桥梁可以将两端的文件和文件夹进行比较，不管哪端的文件或者文件夹发生改变，同步功能都将这种改变反映出来，以便决定是上传还是下载。

【操作步骤】

1. 与 FTP 主机连接成功后，在菜单栏中选择【同步站点范围】命令或在【站点管理器】的菜单栏中选择【站点】／【同步】命令，打开【同步文件】对话框，如图 14-26 所示。

在【同步】选项的下拉列表中主要有两个选项："仅选中的本地文件"和"整个 '×××' 站点"。因此可同步特定的文件夹，也可同步整个站点中的文件。

在【方向】选项的下拉列表中共有以下 3 个选项："放置较新的文件到远程"、"从远程获得较新的文件"和"获得和放置较新的文件"。

2. 在【同步】下拉列表中选择 "整个'mysite'站点" 选项，在【方向】下拉列表中选择 "放置较新的文件到远程" 选项，单击 预览(P)... 按钮后，开始在本地计算机与服务器端的文件之间进行比较，比较结束后，如果发现文件不完全一样，将在列表中罗列出需要上传的文件名称，如图 14-27 所示。

图 14-26 【同步文件】对话框

图 14-27 比较结果显示在列表中

3. 单击 ▭确定▭ 按钮，系统便自动更新远端服务器中的文件。

4. 如果文件没有改变，全部相同，将弹出如图 14-28 所示的对话框。

图 14-28 【Macromedia Dreamweaver】对话框

这项功能可以有选择性地进行，在以后维护网站时用来上传已经修改过的网页将非常方便。运用同步功能，可以将本地计算机中较新的文件全部上传至远端服务器上，起到了事半功倍的效果。

项目实训 配置服务器和发布站点

本项目着重介绍了服务器的配置、网站发布和维护的基本方法，通过本实训将让读者进一步巩固所学的基本知识。

要求：对服务器 IIS 进行简单配置，同时将本机上的文件发布到服务器上。

【操作步骤】

1. 配置 WWW 服务器。
2. 配置 FTP 服务器。
3. 在 Dreamweaver 8 站点管理器中设置有关 FTP 的参数选项。
4. 利用 Dreamweaver 8 站点管理器进行站点发布。

项目小结

本项目主要介绍了如何配置、发布和维护站点，这些都是网页制作中不可缺少的一部分，也是网页设计者必须了解的内容，希望读者能够多加练习。

思考与练习

一、简答题

1. 如何清理文档？
2. 简述同步功能的作用。

二、操作题

1. 在 Windows XP Professional 中配置 IIS 服务器。
2. 在 Dreamweaver 中配置好 FTP 的相关参数，然后进行网页发布。